①トランプ米大統領にちなんで命名された新種の蛾，ネオパルパ・ドナルドトランピ《*Neopalpa donaldtrumpi*》の全体像（左）と顔部分の拡大写真．本文ⅰ頁参照．写真撮影：Vazrick Nazari（オタワ）．

②沖縄美ら海水族館で長く飼育展示され，2020年に新種と判明したチュラシマハナダイ《*Plectranthias ryukyuensis*》．本文ⅰ頁参照．写真提供：国営沖縄記念公園（海洋博公園）・沖縄美ら海水族館．

JN249659

③著者が2019年に発表した新種ドウクツヒカリクモヒトデ《*Ophiopsila xmasilluminans*》．光る洞窟性のクモヒトデで，国際的な分類データベースが毎年発表する「特筆すべき2019年の新種トップ10」に選ばれた．写真撮影：藤田喜久（沖縄県立芸術大学）．

④サメハダテヅルモヅルと思われる個体．写真撮影：幸塚久典（東京大学）．

⑤海底洞窟調査の様子．2017年５月，沖縄県辺戸にて．本文102頁参照．

⑥オワンクラゲ．写真撮影：幸塚久典（東京大学）．

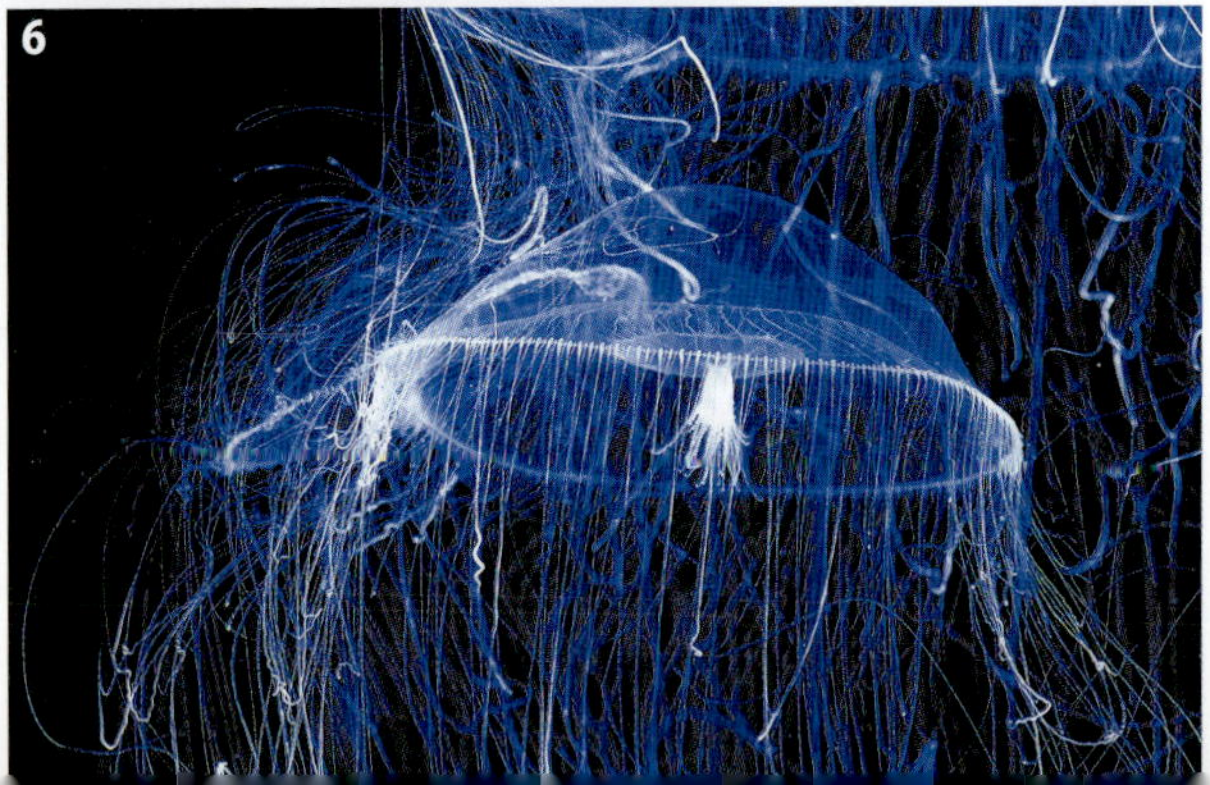

中公新書 2589

岡西政典著

# 新種の発見

## 見つけ、名づけ、系統づける動物分類学

中央公論新社刊

# まえがき

アメリカの西海岸で採集され、ドナルド・トランプ大統領に献名された蛾《が》ネオパルパ・ドナルドトランピ《*Neopalpa donaldtrumpi*》（口絵①）、沖縄の水族館で飼育展示され、長い間新種と気付かれていなかったチュラシマハナダイ《*Plectranthias ryukyuensis*》（口絵②）。それぞれ二〇一七年と二〇二〇年に発表され、ニュースになった「新種」である。こうした報道を耳にすると、たいていの生物には名前が与えられていて、新種はなかなか見つからないとても貴重なもの……だからこそニュースになるのだ、と思われる方も多いのではないだろうか。

ところが、新種の発見は、実はさほど珍しいものではない。この地球はまだ見ぬ新種に満ち溢《あふ》れている。実際に海を研究のフィールドとする私は、深海生物調査中に出会った見慣れぬ生物が、調査船に同乗した専門家によって新種と判断される瞬間に立ち会ってきた。ニュースにこそならないが、このような新種は毎日のように発見されており、そのペースは近年では一年に二万種近くとも言われている。生物に名前を付ける方法が確立したのは一七〇〇年代中ごろ。それから二五〇年ほどが経過し、大空を無人撮影機が飛び交い、水深一万メートルを超える深海まで無人探査艇がたどり着けるほどに科学は発達したが、新種が発見されるペースは一向に落ちる気配がない。

このことから導き出される事実は二つである。一つは、生物が、私たちの思っている以上に多様であること。そしてもう一つは、生物を命名する学問分野がいたって人手不足であるということである。

生物は多様である。現在、地球上で名前が付けられている生物は一八〇〇万種以上、動物は約一三〇万種と言われている。ところが未知種の数は、少なく見積もって既知種の倍以上と言う専門家もいれば、一億種以上と見積もる専門家もいる。つまりその多様性は、推定すらできていないのである。それに引き換え、生物の名付け親たる「分類学者」ははるかに数が少ない。正確な数はわからないが、例えば国内で毎年開催される日本動物分類学会には、約一〇〇人が参加している。これは学生も合わせた数なので、「分類学」で職を得ている国内の研究者の数はもっと少ないだろう。「うちの国もほぼ同じような状況だ」と国際学会で顔を合わせる海外の研究者たちも一様に肩を落とす。

そもそも分類学とは、未知の生物に名前を与え、生物の進化の道筋である系統樹のなかに位置付け、科学の対象へと引き上げる学問分野である。分類することで私たちは新たな生物を認識できるようになるのである。ところが、ときに各紙誌を騒がせ、派手な印象のある新種の発見だが、そこにたどり着くまでのプロセスは一般には全く知らされていない。生物を野外で採取し、標本にし、観察し、過去の文献と比較し、しかるべき「研究論文」として発表するというプロセスは非常に地味なのである。

しかし、私はこの分類学こそ、やりがいのある学問だと信じている。見紛うことなき新種を手にした瞬間や、何百年も保管されていた標本を目にし、長年頭を悩ませてきた問題が一気に氷解していく瞬間など、得も言われぬ知的興奮を味わうことができる。分類学はまた、生物学のなかでは歴史が古く、基礎的な学問でありながら、生物の多様性を常に最前線で目《ま》の当たりにすることのできる学問である。近年の生物科学の発展を受け、一層の展開を見せつつある進化途上の学問でもあるからだ。

そこで私は、この分類学を、なるべく多くの人に知ってもらいたいと思い、本書の執筆にあたった。できるだけ一般の方にも触れやすいよう、誰でも一度は耳にしたことがあろう「新種発見」のプロセスを中心に、分類学の事例を多数取り上げつつ、その基本構造をご紹介する。

分類学は他の分野に比べて旧態依然と言われ、分類学の教科書には「地球上の生物すべてに名前を付けるには、分類学者はあまりに人手が足りておらず、我々は地球の生物のほんの一握りしか把握できていない」との記述がある。果たしてそれは真実なのか。

本書では、近年の分類学の隆盛や、私が目にしてきた分類学者のさまざまな取り組みを紹介するとともに、最新の研究成果も交えつつ、近年の分類学や、それを取り巻く科学の進歩、そして分類学のこれからについても、なるべくリアルにお伝えしたい。

また、本書に登場する新種記載の例には、一般にはあまり知られていない動物、特に海産無脊椎《むせきつい》動物も多く挙げている。それによって分類学という学問に触れながら、多様な動物に親しみを持ってもらえるよう工夫したつもりだ。これから生物学を目指す大学生・大学院生が動物分類学という学問を知る機会になれば幸いである。

なお、本書は動物命名の目的のために公表するものではないことを付記しておく。

# 目次

*Column*



DTP／市川真樹子
図版作製／ケー・アイ・プランニング
写真／出所を明示したものを除き著者撮影

# 新種の発見

## 見つけ、名づけ、系統づける動物分類学

# 第一章　学名はころころ変わる？

## ――生物の名前を安定させる学問、分類学

テヅルモヅルとクモヒトデの標本.

## 1　新種発表の地道な作業

### 標本を記載する

「国立科学博物館」（科博）といえば、多くの方が上野恩賜公園《うえのおんしこうえん》の敷地内にある施設を思い浮かべよう。巨大なクジラの模型やロケットランチャーを横目に、ワクワクしながら博物館の入り口をくぐった人も少なくないだろう。しかし新宿《しんじゅく》にも国立科学博物館があったことを知る人は少ないのではないだろうか。上野の施設はあくまでも「展示施設」であり、その展示に必要な標本試料に基づいた研究を行う施設が、新宿区の大久保《おおくぼ》駅近くの百人町《ひゃくにんちょう》にあったのだ（図1－1）。

現在、この研究施設はつくば市に移設されており、百人町の跡地には別の施設が建造されつつあるようだ。私は二〇〇七年の春から二〇一一年の夏前まで約四年半、国立科学博物館と東京大学の連携大学院生としてここに通い詰め、ひたすら標本とPCモニターとのにらめっこの日々を続けていた。

二〇〇七年五月、まだ科博での学生生活が始まって間もないころ、ある一つの標本に出会った。海にすむある動物を研究対象にすることにした私は、収蔵庫にぎっしりと納められた標本を片っ端からチェックしていた。そのとき、「奄美《あまみ》大島沖、一六七～一六八メートル、二〇〇三年六月二十日」と書かれたラベルとともにエタノールに浸されたその標本を、私は確かに見たはずである。しかしその標本の重要性を全く理解できなかった私は、ただその標本の入った瓶《びん》を一瞥《いちべつ》しただけで、すぐに棚に戻した。

図１－１　新宿区百人町にあった国立科学博物館分館.

二か月後の二〇〇七年七月、私は自分の机に英語、フランス語、ドイツ語が入り混じったその動物についての論文を山と積み、ひたすら翻訳を続けていた。「非常に大きく、体長五〇㎝に達する。腕は少なくとも十数回分岐し、腕の太さは基部で三㎝、分岐を繰り返すごとに細くなる。各腕節には六、七本の腕針が備わる。その長さは……」。

そしてその一か月後、二〇〇七年八月、真夏の盛りである。およそ一か月をかけた文献の翻訳を終えた私の頭のなかには、その動物のデータベースが完成しつつあった。その知識を携え、握りこぶしほどの瓶のなかの透明な液体に浸されていた奇妙な生物の死体を取り出す。それは、三か月前に一度手にして棚に戻したあの瓶だった。

死体と言っても、腐敗臭を放つものではなく、前述したとおり、エタノール液に浸され、生きた状態の姿を半永久的に保つように「固定」された、学術標本である。顕微鏡でその動物の体の表面の小さな鱗《うろこ》の数を数え、大きさを測る。体の一部を切り取り、アルカリ性の次亜塩素酸ナトリウムの水溶液に浸して柔らかな肉を溶かし、微小な骨だけを取り出して電子顕微鏡で観察する。やはりそうだ。これは、人類がまだ名前を付けて認識していないもの、つまり新種だ。

そう確信した私は、その観察記録を基に、PCのモニターにまっさらな原稿を立ち上げ、その動物の形を「記載」する。これまでに翻訳した文献の記載と比べながら、その形を細かく英語で文章化していく。その小さな動物の体の部分写真を並べ、図にしていく。その作業が終わると、次はその動物に似た種との特徴を詳しく比べた結果を記述した。さらに、その文章で引用した文献を、著者名、発表年、タイトル、雑誌名、巻号の順に、すべて洗いざらいリスト化する。

そうして、自分が納得のいく「原稿」が完成したのは、窓の外の緑が消えうせ、冬の到来を思わせる風が吹くころだった。私は喜びと緊張を胸に、博物館の先生にその原稿を提出した。翌週には、コメントで真っ赤になった原稿が返ってきた。私が原稿だと思っていたものが、まだまだ原稿「もどき」にすぎなかったことを知る。また原稿を書き直す。先生にお見せする、書き直す、見せる、直す……。本格的な冬が訪れ、新宿を白い雪が覆い、そしてまた緑が芽吹きはじめ……前年の夏に手にした標本瓶にうっすらと埃《ほこり》が積もりはじめたころ、やっと原稿が一応の完成を迎えた。

今度はその原稿をアメリカの研究者に送る。英文法をチェックしてもらうためだ。一か月後、その研究者からの返信には、嬉《うれ》しいことに"Congratulations!"の文字とともに、山ほどのコメントが添えられていた。

二〇〇八年七月、アメリカの研究者のコメントに応え、先生との最後のやり取りを終えたころ、その原稿は完成した。文献の調査を開始し、一年が過ぎるころであった。原稿の体裁を整え、とある科学雑誌の編集者に送った。「論文の投稿」である。

二〇〇八年十二月、最初に原稿を完成させたと思った日から、一年以上が経過したころ、編集者から原稿が戻された。原稿には記載された「その動物」に詳しい世界の研究者のコメントが付いていた。また先生と何度も協議し、最終的にそれらのコメントに十分に応えうる原稿が完成したのは、二〇〇九年二月のことだった。

二〇〇九年五月、論文のゲラが雑誌編集者より送られてきた。最終的なスペルのチェックなどを行い返信する。

二〇〇九年七月、日本動物分類学会の国際誌『Species Diversity』に、私の新種記載の論文が掲載された。文献の調査に着手しはじめてから、丸二年が経過しようとするころだった。

## 新種を発見するということ

以上は私が、クモヒトデという生き物の《*Asteroschema amamiense*》（図1-2）という新種の論文をはじめて書いた、すなわち「新種を発表した」ときのダイジェストである。新種の発表とはこのように、適切な雑誌に論文が掲載され、そこで適切に命名されてはじめて公式に認められることになる。「新種発見」とは、学会での発表や個人のウェブサイト上で報じただけで認められるものではないのである。

冒頭で長々と綴ったこの研究話には、重要なことを二つ含めたつもりだ。一つは、私が最初にその新種の標本を発見したときに、それが新種であると全く気付かなかったこと、そして二つ目は、私が新種を認識してから発表するまでに、丸々二年がかかっていることである。

新種は、研究者が実験室のなかで新たに作り出すわけではなく、自然界に当たり前に存在している。それを、研究者が見出して新種であると「証明」するものである。当然、駆け出しの研究者は新種を見てもそれを新種と判断することはできない。ある程度生物に詳しい人でも、図鑑の知識だけで新種を見出すことは難しい。新種は、その生物に関する古今東西の文献を突き合わせ、詳細に解読し、あるいは世界中の標本を観察するうちに、それを新種と認める「鑑定眼」が身に着くことではじめて「発見」できる。

また「新種」とは誰もが耳にする言葉だと思うが、その発表過程が、実際にはこのような、忍耐強い作業の連続であることは、一般にはほとんど知られていないであろう。ジャングルの奥地で生きた恐竜（生きている時点でほぼ新種であろう）を発見し、その映像をビデオカメラに収めてウェブ上に投稿したとしても、その証拠（ほとんどの場合は標本）に基づいた記載論文を発表しない限り、人類にとっては名もない生物のままなのである。

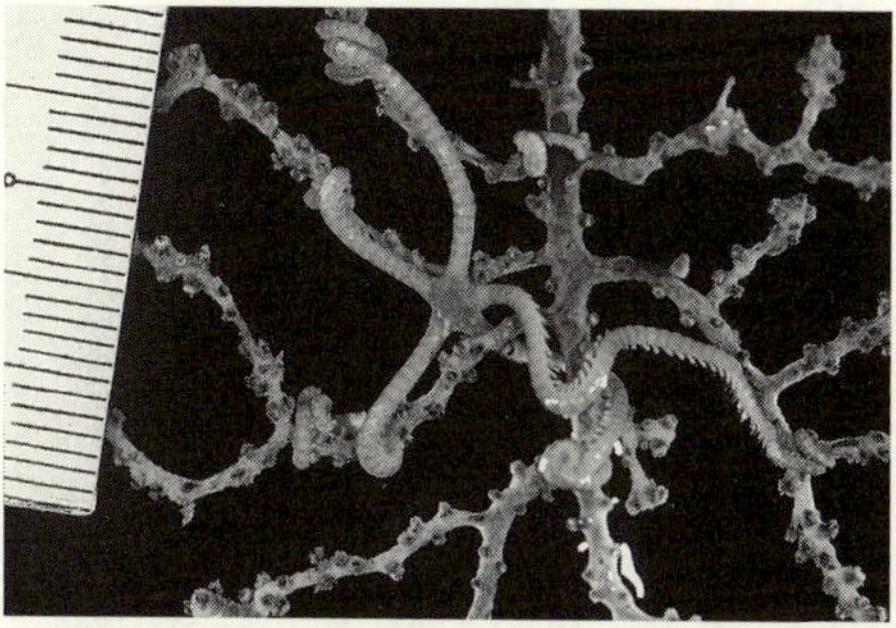

図1－2　著者が新種として記載した《*Asteroschema amamiense*》Okanishi & Fujita, 2009.　写真撮影：藤田敏彦（国立科学博物館）.

## 変貌する学名を安定させる学問

さらにもう一つ、このときに私と藤田敏彦《ふじたとしひこ》先生で記載した《*Asteroschema amamiense*》は、その二年後、我々自らの手で学名を《*Squamophis amamiensis*》に変更することとなった(Okanishi & Fujita, 2009; Okanishi et al., 2011)。このように種名が変わることに驚かれることがある。これは、「生物の名前は登録制のようになっていて、一度決まれば不変」というようなイメージが一般的に定着しているためではなかろうか。

しかし実際には、学名は変わる。それも結構頻繁に。学名というものは、あくまでも、研究者がある生物について提唱する「仮説」だからだ。新種の発表も「この種にはこの名前を付けたほうがよいと思う」という、研究者の仮説、提案である。仮説にすぎないのだから、「実はあの種と同種ではないか?」とか「別のグループに含めるべきではないか?」などといった研究者の意見によって、学名はころころ変更されうるのである。

こうして生まれる、生物に対するさまざまな名前の候補のうち、どれを用いるべきなのか判断する必要がある。このように生物につける名前を安定させたり、その過程で新種の発表を行ったりする学問を分類学と呼ぶ。

一言でいえば、分類学は生物の分類群を認識・整理し、名前を付ける学問である。ノーベル賞を生んだ偉大な研究も、もとはといえば、その研究素材となった生物に名前が付いたからこそなしえたはずである。その意味で分類学は、生物学の根幹をなす大黒柱のような学問であると言っても過言ではない。

## 2　生物を分け、名前を付ける基礎的な学問

### 分類と分類学

読者にとってはそもそも、「分類学」自体が、滅多に耳にしない学問分野だろう。まず初めに、新種を発見するためのツールである分類学の構造や歴史、そしてその必要性を、簡単に紹介したい。

身の周りにいる生物を食料にして生活する我々動物にとって、それらを食べられる生物と食べられない（毒などの危険があって食べてはいけない）生物に分ける、すなわち分類することは基本的かつ不可欠な習性、つまり本能である。分類学の基本作業はものを分けることにあり、これが我々の本能に根差しているという点で、非常に根源的な学問といえる（相見、二〇一九）。例えばパプアニューギニアの先住民族が呼び分けていた一三七種が、現在の分類学で認識されている一三八種とほぼ変わらない正確なものであったというエピソードはこのことを暗に示していると言えよう（馬渡、一九九四）。

だがこのような「人為分類」は、人間に有用なものに対して行われてきたことであって、それ自体を学問とは呼ばない。人為分類では商業的価値のないものは対象にならないし、あ

る地域でしか通じない言葉で語られる場合も多いからだ。これに対して、自然界の生物を余すところなく、なるべく真実に近い分け方に基づいて、人類共通の言葉で秩序立てようとする試みが学問と言える。

自然は多様である。眼に触れることさえ困難なものも存在する。深海や地中、高度一〇〇〇メートルの上空などなど。生物だけでなく、そこに存在する鉱物、水、空気など、それらの自然の要素の全てを人間が調査し、その成分を解析しきるのに、一体どれだけの年月を費やさねばならないだろうか。いや、仮に全てを採取しつくしたとしても、それは刻一刻と変化する自然界の一断片を切り取ったにすぎない。このことを考えると、人間が自然の現象・事物を完全に分類し、理解しきることは、実はほとんど不可能に近いのかもしれない。

それでも、たくさんの科学の偉人たちが、自然界のものを分類し、学問の枠組みに落とし込むための努力を続けてきた。メンデレーエフは、六〇種あまりの元素を、物性ではなく原子量に基づいて分類できることに気づいた（小山、二〇一三）。これは周期律の大発見へとつながっていくのであるが、現代になってもなお、新種の星や元素が発見されている（Reedijk, 2017など）。自然とはかくも複雑で、人類の想像を超えた未知を含有しているのである。

翻《ひるがえ》って生物の分類はどうだろうか。こちらも多様だ。その「未知数」すらわからぬほどに。現在、地球上の命名された生物は一八〇万種を超え、それぞれが、驚くほど複雑に関係しあっている。後に詳しく述べるが、まだ記載されていない「未記載種」(つまり潜在的な新種)の数は、少なく見積もっても八〇〇万種、多ければ一億種を超えるという予想もあるくらいである(馬渡、一九九四;松浦、二〇〇九)。

前述した一種の記載に費やした労力を考えると、未記載種が八〇〇万種だとしても、それを記載する労力の果てしなさがご理解いただけるのではないだろうか。特に、記載論文は英語で書くことが推奨されるため、英語を母語としない日本人はこの点で特に苦労することが多い。ではなぜわざわざ英語にする必要があるのかということであるが、それは分類学が科学だからである。

## 生物を認識し、整理する

科学とは人類が利用できる知識を提供するものであり、いかに真実に肉迫した重要な発見でも、全ての人にわからなければ科学とは呼べない。このような知識の共有を阻む一つの問題は言語である。例えば牛は、日本語では「牛」一択であろう。しかし英語では、"bull" "bullock" "cow" "ox" "calf" などたくさんの呼び名がある。これはおそらく英語圏の国と日本との牛の利用頻度などの文化の違いに起因すると思われるが、それにしてもこのような違いがあっては、物の認識は言語間で異なってしまう。

　また、一八〇万種という生物を利用するためにはそれらの整理が必要である。もし、整理されていなければ、どういうことになるだろうか。例えば、掲載種の名前が五十音順に並んでいる昆虫《こんちゅう》図鑑でトンボの名前を調べることを想像してみてほしい。目の前の昆虫が「トンボ」の仲間であることはわかるが、果たして何トンボだろうか。パラパラと図鑑をめくり、たくさんのトンボを目にし、少し似ているトンボにたどり着いたとしよう。「オオヤマトンボ」というトンボだ。だが、なんだか大きさや模様が違う。やっとたどり着いたこのトンボが空振りに終わったとき、ある不安が頭をよぎるだろう。

「この膨大な図鑑から、同じトンボが見つかるまでページをめくらなくてはいけないのだろうか……？」

　図鑑の最後のほうにこの種が載っているのだとすれば、そこまでの全ページを確認しなくてはならない。しかもオオヤマトンボに至るまでに、「〜ヤンマ」という、種名に「〜トンボ」という字面《じづら》がない種も確認している。このような名前のトンボも見落とさずに確認しなくてはならない。さらに悪いのは、オオヤマトンボの他に、似た種が何種か見つかったときである。それらの種を比較するために、何度もそれらのトンボのページを往復し、実物と見比べなくてはならない。……こうして、せっかく、日本でも最大と言われる美しい「オニヤンマ」を捕まえたとしても、あと少しというところで、その名前を調べることがかなわず終わってしまう可能性も大きいのである。

もしこの図鑑がきちんと、同じ特徴を持ったグループ、例えば、チョウ、ハエ、ハチ、コウチュウ、カメムシ、カマキリ、トンボ、アリ、などを分けていれば、我々はトンボのセクションだけを眺め、(それでもトンボの種数は多く、入念な比較は必要だが)オニヤンマにたどり着けることだろう。

ものを利用したり、深く理解しようとするには、それらを秩序立てて整理する必要がある。当たり前に使っている昆虫図鑑がきちんと、誰にでも昆虫を調べられるような構成になっているのは、さまざまな昆虫学者の苦労の賜物《たまもの》、知恵の結晶であり、これこそが分類学の役割を表した一つの形であるといえる。

そしてこの図鑑の昆虫の名前には、オオヤマトンボのような和名だけでなく、ラテン語で《*Epophthalmia elegans*》と書かれた種名も付されているはずだ。これこそが、世界で共通して用いられる学名であり、この学名を扱う点で、分類学は立派な科学であると言える。そしてこのような学名を発表する際には、なるべく多くの人が理解できるよう、現在通用している英語が用いられることが望ましいのだ。では、この分類学は、どのように始まったのだろうか。

## 分類学の成り立ち

現代へと続く分類学の基本的な構造を打ち立てたのは、スウェーデンの博物学者カール・リンネ（Carl Linnaeus）である。彼は、一七五八年に出版した『自然の体系（Systema Naturae）』の第一〇版によって動物分類学を、一七五三年に出版した『植物の種（Species Plantarum）』の第一版によって植物分類学の基礎を築いた（Linnaeus, 1753, 1758。『自然の体系』が第一〇版の理由は後述）。

現在でも、後述する命名規約によって、基本的にはこれらの年代がそれぞれ、動物と植物の命名の出発点（起点）に定められている（ウィンストン、二〇〇八）。ただし、動物では例外的に、『自然の体系』第一〇版の前に本格的に二語名法（後述）を用いて出版されたクモ類の著書であるカール・クレアク（Carl Clerck）の『スウェーデンのクモ類（Aranei Svecici）』（Clerck, 1757）が規約の範疇《はんちゅう》に含まれる。また、植物では一部のグループの起点が一七五三年よりも遅くなっている。

ここで「動物」について少し触れておこう。「動物」と聞くと、人間以外の動物、それも魚、カエル、トカゲ、鳥、哺乳類《ほにゅうるい》などの、脊椎動物を思い浮かべる方が多いだろう。しかし、学問的には動物といえば、我々人類はもちろんのこと、脊椎動物だけでなく、ヒトデ、ナマコ、ウニなどの棘皮《きょくひ》動物、貝、イカ、タコなどの軟体動物、クモ、ムカデ、カニ、カブトムシなどの節足動物、イソギンチャク、サンゴ、クラゲなどの刺胞《しほう》動物、すなわち多細胞の動物全体のことも指すし、他にもゾウリムシなどの単細胞の動物も含む。だが本書で「動物」といえば単細胞の生物は含まず、多細胞の動物全体を指すことにしたい。

リンネが『自然の体系』を著す前にも、生物の分類は行われていた。ギリシャの哲学者アリストテレスは『動物誌』を著し、五〇〇あまりの動物を記述・分類し、体系化するという自然史学の礎《いしずえ》を築いた（藤田、二〇一〇）。日本では古代から中世・近世にかけて薬用植物を主な対象とする学問としての「本草学《ほんぞうがく》」が自然史学の礎となり、さまざまな動植物の記載が行われている。

しかし、当時は人類が知りえる生物の種数はそれほど多くなく、また後者の本草学は学問というよりは、カタログ的な意味合いが強く、実用的な生物の性状や効能の記述に終始し、物そのものの形状・性質の詳しい記載や体系付けは行われていないものが多かった。したがっていずれも体系立った学問には発展しなかった（西村、一九八七：馬渡、一九九四）。

### 階層式分類体系と二語名法

これに対してリンネは、『自然の体系』のなかで、「階層式分類体系」を提案した。これは、多数の種のなかから似たようなもの（クラスター）を集め、さらにそのクラスター同士を集

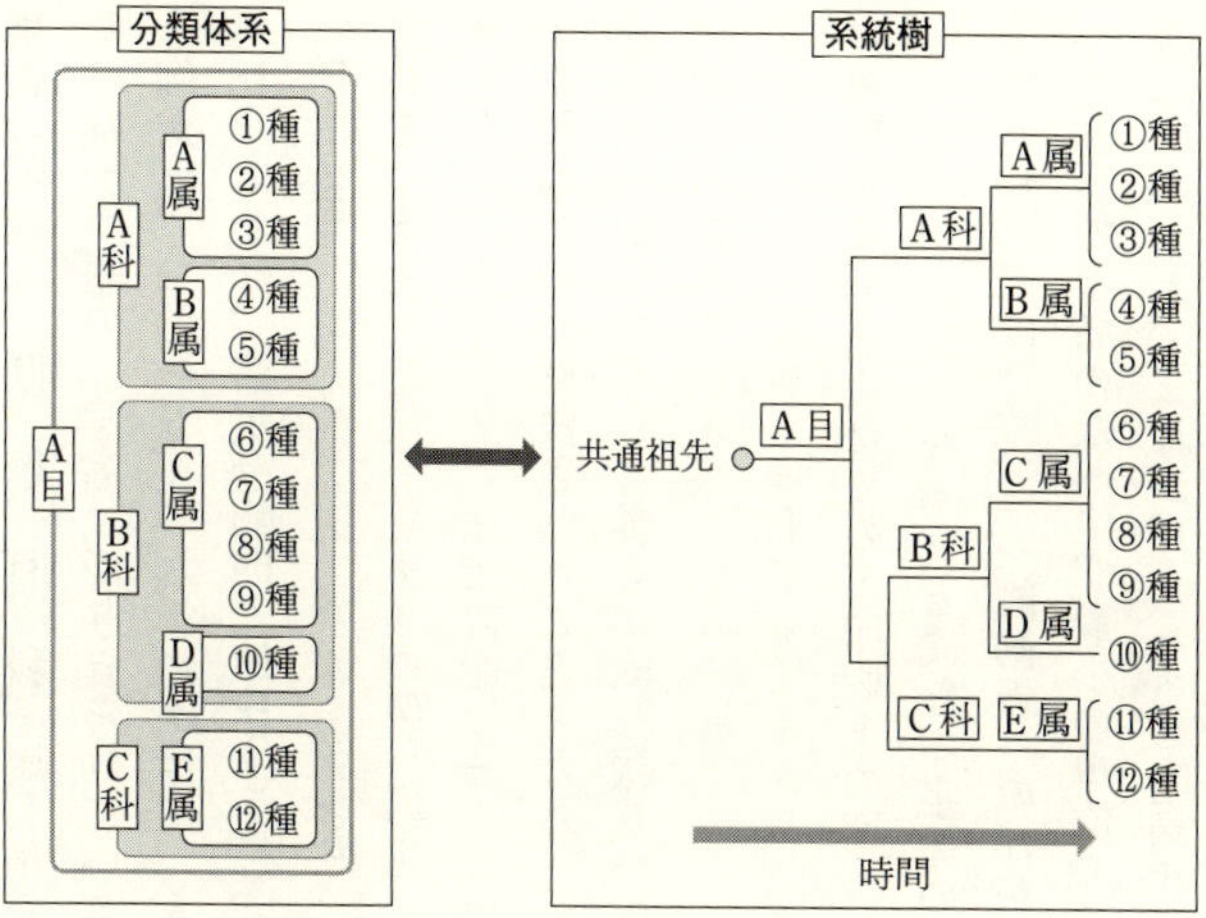


図1－3　分類体系と系統樹の対応関係.

めて高次のクラスターを作る、という作業を繰り返し、入れ子式の階層構造を作るものである（図1－3）。現在で言うところの、PCのフォルダ分けに似ている。というよりも、PCのなかの情報（ファイル）を整理する際に、人は自然にフォルダ分けを行う。階層的な分け方が、物を整理するのに都合がいいことを我々は直感的に理解しているのだろう。いずれにせよリンネは、階層性によって、動物も秩序立てて「整理」できることを示したのである。

リンネは、これらのクラスターに、動物では綱《こう》、目《もく》、属、種、変種という階級を与え、階層構造に落とし込んでいる。現在では変種がなくなり、門（綱の上）と科（目と属の間）という階級が加えられている。つまり、現在の階級は、門、綱、目、科、属、種を含むことになる。そして、これらの各階級にそれぞれラテン語の「学名」が与えられている。

例えば、二〇一五〜一六年にかけて、人間に害を及ぼす毒を持つ外来種として世間を賑《にぎ》わせたヒアリは、節足動物門（Arthropoda）、昆虫綱（Insecta）、ハチ目（Hymenoptera）、アリ科（Formicidae）、トフシアリ属（*Solenopsis*）、ヒアリ《*Solenopsis invicta*》という名前が付けられている（Buren, 1972）（ヒアリの例：表1-1）。そしてこれらの学名は、英語でもフランス語でもなく、全てラテン語で表記するように定められている。これによって、前述した言語による問題が一つ解決されたこととなる。ラテン語は一般にはなじみの薄い言語ではあるが、意味はわからなくとも誰もが同じ綴りで生物を認識できるようにした、ということは大きな発明なのである。

ところで、属名と種名が全てイタリック（斜体）で表されるのは、本文の言語以外の言語の単語を識別するための、印刷上の習わしによるものということである（ウィンストン、二〇〇八）。このような本文と異なる字体の使用は、動物命名規約においては条項で規定されているわけではなく、「一般勧告」のなかにのみ記されているため、強制ではない。

これらの学名のなかで、最小の単位である種名だけは、二つの単語によって記述されている（表1-1）。これが、リンネの階層式分類体系のもう一つの特徴、「二語名法」である。

| | | |
|---|---|---|
| 上位の階級群 | ドメイン（Domain） | 真核生物ドメイン（Eukarya） |
| | 界（Kingdom） | 動物界（Annimalia） |
| | 上門（Superphylum） | |
| | 門（Phylum） | 節足動物門（Arthropoda） |
| | 亜門（Subphylum） | 六脚亜門（Hexapoda） |
| | 上綱（Superclass） | |
| | 綱（Class） | 昆虫綱（Insecta） |
| | 亜綱（Subclass） | 双丘亜綱（Dicondylia） |
| | 下綱（Infraclass） | 有翅下綱（Pterygota） |
| | 節（section） | 膜翅節（Hymenopterida） |
| | 上目（Superorder） | |
| | 目（Order） | ハチ目（膜翅目）（Hymenoptera） |
| | 亜目（Suborder） | 細腰亜目（ハチ亜目）（Apocrita） |
| 科階級群 | 上科（Superfamily） | スズメバチ上科（Vespoidea） |
| | 科（Family） | アリ科（Formicidae） |
| | 亜科（Subfamily） | フタフシアリ亜科（Myrmicinae） |
| | 族（Tribe） | |
| | 亜族（Subtribe） | |
| 属階級群 | 属（Genus） | トフシアリ属（*Solenopsis*） |
| | 亜属（Subgenus） | |
| 種階級群 | 種（Species） | ヒアリ（*Solenopsis invicta*） |
| | 亜種（Subspecies） | |

表1－1　リンネ式階層分類体系の階級．例としてヒアリの分類階級を示した．藤田（二〇一〇）を改変．上位の階級は吉澤（二〇〇八）に従った．

リンネは、最小単位の種名のみ、他の上位の学名とは違い、それが含まれる「属名」と「種小名」という、二つの単語で表すことにした。上のヒアリでいえば、***Solenopsis*** が属名（トフシアリ属）で、***invicta*** が種小名である。単純な仕組みかもしれないが、ここには、言語の統一に加え、さらに二つのメリットがある。

一つは、単語を二つに限定したことである。リンネが生きた時代のヨーロッパは、大航海時代に伴い、さまざまな動植物が輸入されてきた、いわば博物学の幕開けのような時代であった。当時の人々は、ある名前が付いた動物と似たものを区別する場合、識別するための特徴を表す一語をその名前にさらに追加するというやり方で区別をつけていた。この方法では、似たものが多い種ではどんどん単語が増えてしまうことになる。例えばカワウソは《*Mustela plantis palmatis nudis cauda corpore dimidio breviore*》（足の先は手のひら状で毛が無く、尾は体の半分しかないイタチ）という八単語から成っていたそうだ（西村、一九八七）。

さらにこれは、名前であると同時に定義でもあった。そのため、この命名法では、もし動物の定義が変化すればその都度《つど》種名が変わっていく。例えば、あるミジンコに「すべすべした　ミジンコ」という名前が付けられていたとする（便宜上、日本語で表してみる）。そしてこのミジンコが、夏季に頭部と尾部に長い棘《とげ》を伸ばす習性を持つということがわかったとすれば、「すべすべした　とがりもする　ミジンコ」などのように名前を変えるのが当時のやり方である。これくらいであればまだよいが、前述したカワウソのような複雑な名前が、研究が進んで新たな特徴が発見されるたびに変わってしまうのでは、カワウソ談義などできたものではない。

しかしリンネは、二語名を種の定義ではなく、「記号」として扱った。その種の新しい特徴、例えば「すべすべした　ミジンコ」に頭が尖《とが》る時期があることがわかっても、「すべす

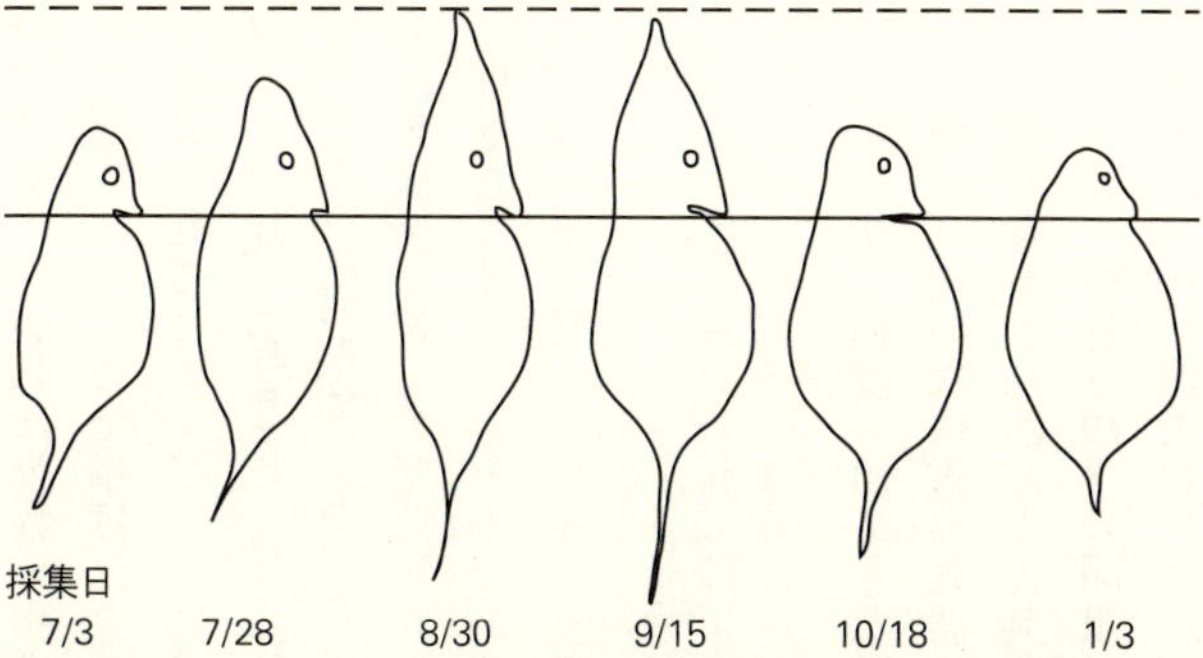


図1－4　ミジンコの季節的形態変化．Dodson (1989) を改変．

べした「ミジンコ」のまま名前を変えないのである。このように名前が安定することがもう一つのメリットだ。

確かに、生物の名前をその特徴で表すことは重要である。しかし、人類が動物と長く付き合っていく上では、それよりも名前の安定のほうがはるかに重要である。従来のやり方であれば、頻繁に見つかり、研究が進んでいる種ほど、その進捗《しんちょく》に合わせて種名が変わっていくことだろう。その際に、その種の忘れ去られた初期の種名を、人類が知識の倉庫から引っ張り出したとき、最近用いられている名前と対応が付けられない可能性は大いにありうる。そうならないようにするため、名前を記号として扱ったリンネの功績は非常に大きい。

リンネ以前にも種名を二語で表す学者はいたため、これはリンネ発案というわけではない。しかしリンネは二語名法を、一貫してその著作で使用した。動物ではその始まりが『自然の体系（第一〇版）』であり、その意味で、リンネはいわば動物分類学の確立者として現在に名を残している（平嶋、二〇〇五）。

ちなみに、ここで挙げたミジンコは実際に存在する。春先には短い頭が夏に尖り、秋にはまた丸くなるこのミジンコには《*Daphnia retrocurva*》という名前がついている（図1-4）。ダフニア属（*Daphnia*）は川に棲む神にちなみ、レトロクルワ（*retrocurva*）という種小名は「体の後方が弓型になる」という意味かと思われる。属の変遷はあったようだが、その種小名は記載後一貫して変えられていないため、このミジンコを用いた現在の研究と過去の研究を問題なく比較できるのである。分類学はこのようにして二六〇年以上、連綿と生物を記載し、リンネの築いた体系にその名前を組み込みつづけてきたのである。

## *Column* ラテン語とは――学名のはなし①

ここまで何度も出てきた学名は、全てラテン語で書かれている。ラテン語は、現代では使われていない古典死語であり、ギリシャ語、ゲルマン語などをはじめとした多くの語派を含有した西洋の古典語である。

そして動物分類学の開祖であるリンネもこのラテン語を用いていたために、現代でも学名はラテン語で命名されることになっている。ただ、動物学者はその多くが平均的教育を受けた英語圏民以上にはラテン語の知識を持たないと言われているため、命名に必要なラテン語の知識の習得には苦労することが多い（ウィンストン、二〇〇八）。しかし、綴りにあまり親しみのないラテン語学名でも、一所懸命に辞書を引いてその名前がわかると、なかなか面白くなってくるものである。

例えば我々ヒトには「ホモ・サピエンス」という学名が付けられているが、この意味や正確な綴りを意識したことは少ないのではないだろうか。学名は《*Homo sapiens*》と綴り、*"Homo"* は「人間」という意味の、*"sapiens"* は「賢明な」という意味のラテン語である。

*Homo* 属には他に、化石種がいくつか知られており、例えば近年、《*Homo naledi*》という種が二〇一五年に南アフリカの洞窟《どうくつ》で発見された骨に基づいて記載された（Berger et al., 2015）。《*Homo sapiens*》よりもやや小型らしく、*"naledi"* という種小名は、南アフリカ共和国の公用語であるソト語（Sotho 語）の「星」という意味で、洞窟内の場所の名前に由来する。

## 3　生物に名前を付ける意味は？

### 分類学の目指すもの

「新種を発見しました」と話すと、「すごい！」と言われることが多い。「新種」という単語の持つインパクトを感じる瞬間である。しかし同時に「それってどんな意味があるの？」と問われることもある。私の研究しているクモヒトデなどは、確かに海で探せば個体数も多く、容易に捕まえることができるが、特に食用になるわけでもなく、かといって人に害をなすわけでもない。さらに水族館では「気持ち悪い」と言われ（実際に横でそう言われているのを耳にしたことがある）、およそ人間に直接的な利害をもたらしている生物ではない。では、そんな生き物に名前を付けることに何の意味があるのか。

国際動物命名規約は、その序文に「動物の学名に最大限の普遍性と連続性を与えること」を銘打っている。私は、これこそが分類学が第一に目指すものであると思う。すなわち、人類が、生物の名前を認識し、恒久的に、安定して用いるようにできること、である。今を生きる人々が死に絶えた後にも、我々の子孫がいつでも生物を認識できる未来を築くことが分類学の最重要課題であり、そのために分類学者は日夜、標本の管理や、文献情報に基づいて学名を整理している。そういう意味ではすぐに何かの役に立つことを目的にした学問ではない。しかしもちろん、分類学それ自体が直接的に人の役に立つ場面もたくさんある。

第一に挙げられるのは先ほども少し例に出した図鑑類の出版であろう。分類学のレビュー論文を一般にわかりやすくし、各種の写真ないしイラストを添えたものが図鑑やガイドブックと言えよう。分類学的な整理なくしてこのような書籍の発刊はなしえない。誰しもが「自分の周りの生物の名前を知りたい」という欲求を持っている。幼いころ、捕まえた昆虫や魚を図鑑で調べた人も多いだろう。

ただ、図鑑の制作は大変な仕事である。詳しくは拙著（岡西、二〇一六）にも述べているが、それまでの全ての分類学的な先行研究をまとめ、かつ一般的にわかりやすい写真を添えなくてはならない。昆虫や貝など、研究者の多い分類群であればまだしも（それでも相当な労力を払う必要があるが）、マイナーな分類群では、例えば日本近海の種の図鑑となると、一人の研究者が一生頑張ってなしえるかどうか、というほどの仕事である。

また、「生物相《せいぶつそう》」の解明も、分類学の重要な課題である。生物相とは、ある地域に生息する全ての生物種のことである。例えば普天間《ふてんま》基地の移設問題に端を発する沖縄県辺野古《へのこ》沖の埋め立て。大浦湾は生物の豊富な湾として知られるが、その生物相に関する答えは出ていなかった。

海には、目に見えるサンゴや魚だけではなく、石やサンゴの隙間《すきま》、さらには海底の砂の隙間に潜んでいる数多くの生物が溢れている。なかにはまだ分類が始まったばかりで、未記載種が多く残る分類群も珍しくない。これらの生物相を全て認識することで、やっとその生態系を把握することができるはずである。埋め立ての前に海のゆりかごと称されるサンゴを移植したというが、それだけでは、その湾の環境でないと住めない生物種（固有種と呼ぶ）を含んだ豊かな生物相を保全することなどできるわけがない。

ところが辺野古では、その基礎作りもままならないうちに埋め立てが始まってしまった。この結果、人類にとって未知の種が、人類の手によって絶滅している可能性はかなり高い。辺野古は氷山の一角だと思う。おそらく地球上のどこにも「生物相が完全に解明できた」地域などなく、今この瞬間にも、環境破壊によって消えゆく未記載種がいるのである。

このようなケースを未然に防ぐため、一種でも多くの生物種を我々の知識の体系に乗せられるよう、分類学は、日夜、生物の記載を進めている。環境変動によって生物相が変化した際、その影響をより正しく評価するためにはより多くの生物に基づく解析が必要だからだ。その意味で、生物相の解明に直接的にかかわる分類学の社会的役割は大きいと言えるだろう。

また、分類学者は標本を残す。生物の標本が残っていれば、破壊されてしまった自然を記録しておくことができる。ただし、これは最終手段であり、環境破壊は、行われないことが第一であることは言うまでもない。

もっと言えば、分類学は役に立つ／立たない、という基準で記録しているわけではない。ということであれば、「今は役に立つ生物の記載はほぼ終わっているのだから、とりあえず分類学は終わりにしてもいいじゃないか。だれも見向きもしないような生物を記載してなんの意味があるのか？」という意見が聞こえてきそうである。上述したとおり、分類学の遂行は、一度で終わりにできるようなものでは決してない。自然環境は刻々と変化しているし、今記載を進めておかないと、困るのは一〇〇年後、二〇〇年後の我々の子孫であろう。

したがって、分類学の本質的な意義・目的は、まずは第一に、生物の分類群（多くは種）に名前を付けることで、人類がそれを認識可能にすることである。そして第二に、その名前を人類が安定して用いられるようにすることである。実用的な意義として認識される図鑑の発刊や、生物相の調査や環境保全へのデータ提供は、もちろん分類学の非常に重要な課題ではあるが、あくまでもこの本業の副産物である。

全生物の名前を把握するのにどれくらいの時間が必要なのか、それすらも見当がつかない状況なのであるが、我々の孫、ひ孫、玄孫《やしゃご》、その子孫にいたるまでが、安心して学名を使えるようにするための担保を、分類学者は日々生み出しているのである。

## *Column* なぜ多様性が重要なのか

この地球上にはさまざまな種の生物が存在し、それぞれが固有の遺伝子を持っている。そしてこれらの種が互いにかかわって——多くの場合が、食う、食われるの関係——暮らし、一つの生態系を形成している。このような多様な命のつながりのことを、「生物多様性」と呼ぶ。これは今述べたように、種の多様性、遺伝子の多様性、生態系の多様性に分けることができ、近年、その保護に注目が集まっている。それはなぜだろうか。

その主たる理由は、生物多様性が、我々に多大な恩恵をもたらしているからである。世界規模の自然環境保護団体であるＷＷＦ（World Wild Fund for Nature）によれば、生物資源が我々にもたらしてくれる恩恵（生態系サービス）、例えば我々の暮らしに欠かせない食料になる生物や、津波のエネルギーの吸収を担ってくれるサンゴ礁《しょう》などの経済的な価値は、一年あたり約三三兆ドル（約三〇四〇兆円）に換算できるということである。また、海の生物から抽出される成分で作られる抗がん剤は年間一〇億ドル（約九二〇億円）の利益を生んでいるという（https://www.wwf.or.jp/activities/basicinfo/3517.html）。

また、国際通貨基金（ＩＭＦ：International Monetary Fund）の経済学者らによれば、クジラの「生態系サービス」の価値は、一頭あたり約二〇〇万ドル（約二億一五〇〇万円）だという。大気中の二酸化炭素を取り込み、死後は海底に沈み、その体が分解されることで炭素を循環させるため、目に見えて非常に大きな経済効果をもたらすということだ（Chami et al., 2019）。

となると、このクジラそのものに目が行きがちだが、実際にクジラの保護を考えるとすると、クジラに関係する全ての生物、全ての環境に目を向ける必要がある。先に述べたように生物はお互いに複雑な、しかし強固な関係を保っており、その一部が欠けてしまうだけでも、全体に大きな影響が及んでしまうからだ。

生物多様性は重要であり、その保護は喫緊の課題である。大事なのは、その保護すべき生物と他の生物との相互関係とそのバランスを見ることだ。ある種が減ったからと言ってその種を盲目的に保護した場合、それがさらなる生態系の崩壊を引き起こす可能性もある。その種が減少した原因を究明し、その種を囲む生態系、ひいては環境全体を俯《ふ》瞰《かん》できる視点を持つことこそが、生物多様性を理解する上で不可欠である。

# 第二章　地球の果てまで生物を追い求める

## ――陸か、海か

ダイビング中の著者．2013年10月11日，タイ湾にて．写真撮影：藤田敏彦（国立科学博物館）．

分類学の楽しみの一つは、なんと言ってもその実践過程、すなわち「採集」にある。ターゲットが生息する可能性がある限り、我々は深海だろうが南極だろうが、燃え滾《たぎ》る火口近傍だろうが洞窟の深部だろうが、その踏破に躊躇《ちゅうちょ》を覚えない。むしろ、アクセスしにくい場所のほうが、分類学者を惹《ひ》きつける傾向さえあると思っている（よい種がいそうだから）。地球上の全生物を命名するには、人の一生はきっと、あまりにも短い。そして、分類学者はそのことを痛感している。だからこそ採集に情熱を燃やすのである。

そんな地球の環境を大きく二分するとすれば、やはり海と陸であろう。本章では、この地球上に生息する動物を、系統立てて説明した後に、この二大環境での採集方法と分布する動物の違いについて概説したい。

## 1　どちらの生物が多い？

### 陸と海の環境

はじめに海と陸での生物の違いを見ていこう。まず、生息地の基本条件としてやはり水の有無は大きい。もちろん淡水域（川や湖）もあるが、陸地に比べると微々たるものであることを鑑《かんが》みれば、単純に生物の生息できる場所である「生命圏」は、海のほうが大きいというのは理解しやすいだろう。

陸上の生命圏は、鳥類などで例外的に数千メートルまでの飛行高度を持つ種もいるが、このような少数派を除けば、ほとんどの陸上動物にとってはせいぜい樹木の高さの限界、地表から数十メートルであろう。これに対して海は地球表面の約七〇パーセントを占めており、平均水深は約三八〇〇メートルで、陸地の平均高度の約八四〇メートルをはるかに上回る。海の生物、例えば魚や微小なプランクトンは、この海水中を泳ぎ回り、子孫を繁栄させているため、水深〇メートルから一万メートル超までの海洋全体が生命圏だと考えることができる。したがって海は、面積的にも体積的にも陸上をはるかに上回る生命圏を持つことにな

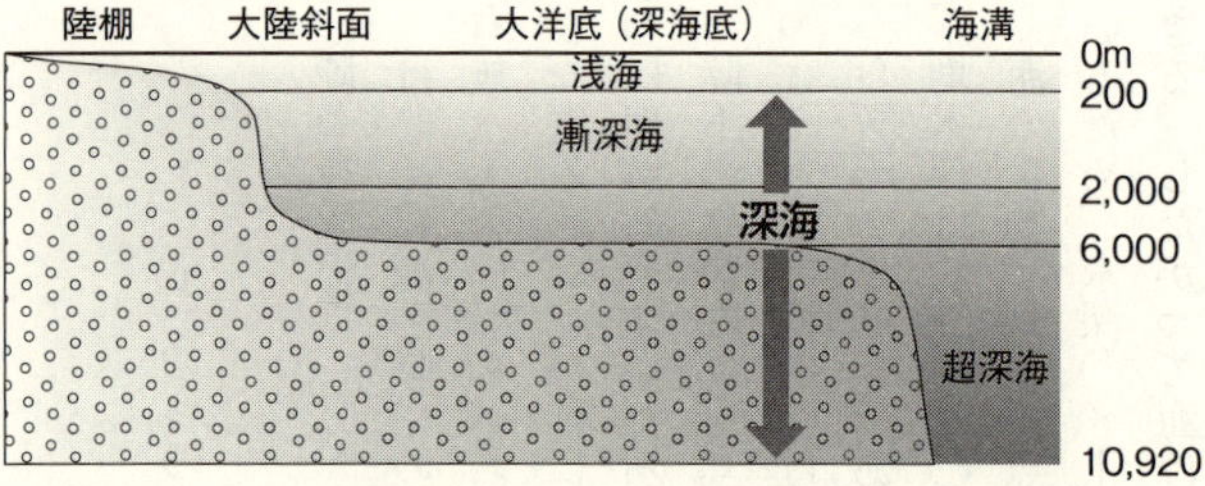


図2－1　海洋の断面図.

る。ちなみに、生物学的には、太陽光のほとんどが届かなくなる二〇〇メートル以深を深海と呼ぶが（図2－1）、海洋のうちでこの深海域の占める割合は、その海底面積で九二パーセント、体積では九九パーセントに及ぶ。意外なことに、地球環境のなかでは我々人類にとってアクセスが非常に難しい深海域が、地球の生命圏の過半数を占めている（長沼、一九九六）。

## 地球上の動物のおおまかな分け方——門という階級

では、そこにはどのような生物が生息するのだろうか。この疑問に答えるためには、前章で述べた動物の分類体系に少し話を戻す必要がある。本書での「動物」は多細胞動物に限るとしたが、これらは、全体で約三五の「門」を含んでいる。

「門」は聞きなれない言葉だと思うが、基本的な体のつくり（ボディプランと呼ばれる）に基づいて、動物全体を大雑把《おおざっぱ》に分けた分類階級である（図2－2）。身近な例では、昆虫は節足動物門に分類されている。

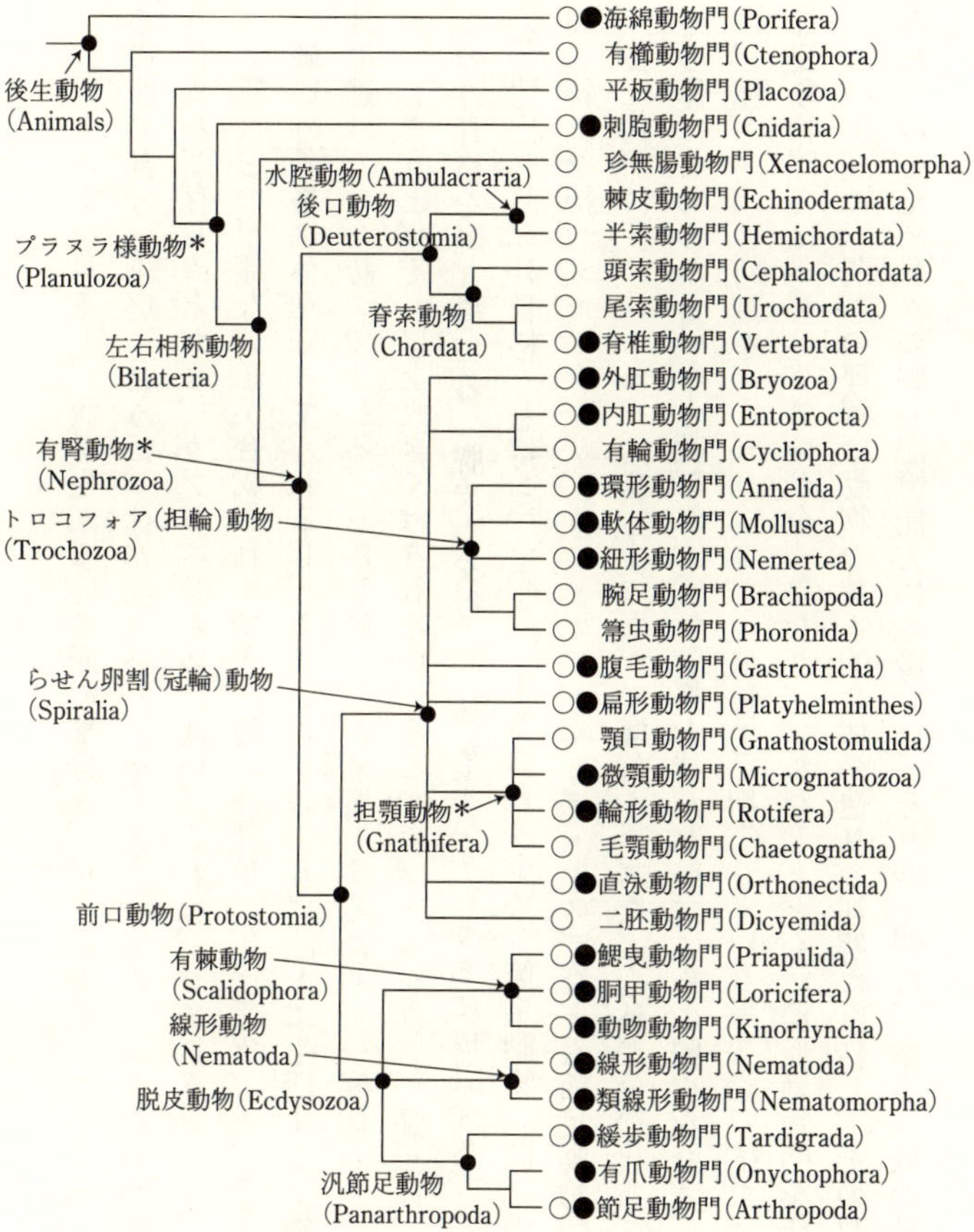


図２－２　多細胞動物34門の系統樹．各学名の前の丸印は白丸が海産，黒丸が陸（淡水含む）を含むことを表す．Dunn et al.（2014）を基に，白山編（二〇〇〇），Satoh et al.（2014），Fauda et al.（2017），Irie et al.（2018），Marlétaz et al.（2019）の知見を加え，改変．＊は白山編（二〇〇〇），藤田（二〇一〇），パイパー（二〇一六）に和訳がないものを示す．

カブトムシを見ると、角が生えている頭の部分と、足や翅《はね》が生えている胸、そして体の後ろの腹の部分、というように、体が節に分かれている（分節化）ことがおわかりいただけよう。またご存じのとおり、カブトムシの体は硬い。これは、クチクラという、多糖質やタンパク質などの複雑な分子が合成されてできた殻（外骨格）が体を覆っているためである。

硬い外骨格は体を守ってくれるし、カブトムシのように陸上に生活する生物の水分が体の外に逃げるのを防いでくれる。しかし硬い殻が邪魔《じゃま》をするため、一度体の外にクチクラを作ってしまうと、それ以上大きくはなれない。そこでカブトムシなどの昆虫は、時期がくるとこの外骨格を脱ぎ捨てる「脱皮」を行い、体が柔らかいうちに成長する。このように体が「分節化」し、「外骨格」を持ち、「脱皮」することは全て、節足動物「門」の特徴であり、同じ特徴を持つクモ・サソリ、カニ・エビ、ムカデ・ヤスデなども節足動物門に含まれる。

また釣餌《つりえ》に使われるイソメや、土のなかに棲《す》むミミズなども体が分節化している。しかし、その体はどちらかというと軟らかく、外骨格を持たない。さらに脱皮をせず、後述するように、赤ちゃんの時期を「トロコフォア（担輪子《たんりんし》）幼生」という形で過ごすため、その点でも節足動物門とはボディプランが全く異なり、ヒルなどとともに環形《かんけい》動物門を作っている。

このように「門」の理解は動物の基本的な体の造りの理解に直結し、その数も約三五と限られているため我々の脳の記憶能力にも優しい。それゆえ門は、ある地域の動物の多様性を示す一つの基準としてよく用いられる。つまり、ある地域で網羅《もうら》的に動物を採集したとき、そこにどれくらいの門が見られたかで、動物の多様性を評価することがあるのである（もちろんこれは指標のごく一部である）。

ちなみに、現在知られている門の数を「約三五」としたのは、この門の分類に関して研究者間でまだ意見が異なるためである。例えば我々ヒトは伝統的に脊索《せきさく》動物門のなかの脊椎動物亜門（門の一つ下、綱の上の階級）に属するとされてきた。脊椎動物は、脊椎、いわゆる神経が通った背骨を持つ動物、すなわち魚類、両生類、爬虫《はちゅう》類、鳥類を含む動物をひとまとめにしたグループである。脊索動物門には他に、ナメクジウオなどを含む頭索《とうさく》動物亜門と、ホヤを含む尾索《びさく》動物亜門が含まれる分類が用いられてきた（西川、二〇〇〇）。いずれも脊椎は持たないが、一生の一時期に、脊索と呼ばれる、背中を通る神経の管（骨に覆われない）を持つという特徴が脊椎動物亜門と共通するためである。

しかし近年になり、これらの亜門を全て門に格上げすべきだという論文が発表されている（Satoh et al., 2014; Irie et al., 2018）。本書ではこの分類を考慮し、門の数を三四としている。

## 門の進化と系統関係①——非左右相称動物

門ごとにその進化の過程や類縁関係もよく調べられている。ここにざっくりと、動物全体の門の進化の順番と、その結果としての系統を概説したい。

動物の進化を考える上ではまず、動物の体の「相称性」に注目する必要がある。相称性とは、物が一つの線（対称軸）を境に、同じ二つの部位に分けられることである。例えば我々は、「手をまっすぐ伸ばして手の平を合わせる」と、体の真ん前でズレなくぴったりと重なるはずである。これは、我々の外見の左と右が、鏡で映したように同じ構造になっているからである。したがって我々は、左と右が同じ形をしているということで、「左右相称」であるという。心臓や胃《い》など、左右相称に配置していない内臓もあるが、これは人間が大人に成長する過程で捻《ね》じれたりしているためであり、母親の胎内でまだ受精卵から間もない発達段階の時期は、人間も左右相称であると言える。

左右相称の動物は数多い。犬、猫、トカゲ、魚、昆虫、ミミズなど。多くの動物が左右相称である。しかし実は左右相称という特徴は、動物の進化のなかでは後のほうに生まれ、もっと古くに生まれた祖先的な動物たちは、左右相称でなかったと考えられている。

このような祖先的な「非」左右相称の動物の代表例といえば、クラゲが挙げられる。水族館で美しく泳ぐ姿を横から見る分には左右相称のように思える。しかしその傘《かさ》の部分を上から見てみると、四つ葉のクローバーのように相称軸が四本引けるはずである。したがってクラゲは「八放射相称」であると言える（図2－3）。クラゲは刺胞動物門に分類され、この門には他にイソギンチャクやサンゴが属しており、いずれも体を上から見ると六か八、もしくはその倍数の放射相称の体を有している。

さらに祖先的な動物は、相称性すら持たない。動物のなかで最も祖先的と言われている海《かい》綿《めん》動物門をご存じだろうか。磯に行くと、岩肌に張り付いている黄色や黒の生き物を見ることができる。全く動かず、どこまでが一匹かわからないこの生き物は実はれっきとした多細胞の動物である。触ってみるとフニフニしているものが多く、まるでスポンジのような生き物である（図2－4）。

と書いたが、実は「スポンジ」とはこの海綿動物の英名である。この動物は体のいたるところに小さな穴が開いていて、ここから水を吸い込み、大きな一つの穴に通すことで食事をしている、まさにスポンジ状の動物なのである。実際、地中海ではこの海綿動物を海から採ってきて乾燥させたものが、高級洗体用品として売られている。

この海綿動物、脳も神経も持たず、筋肉などのはっきりとした体の構造を持っていない。体を構

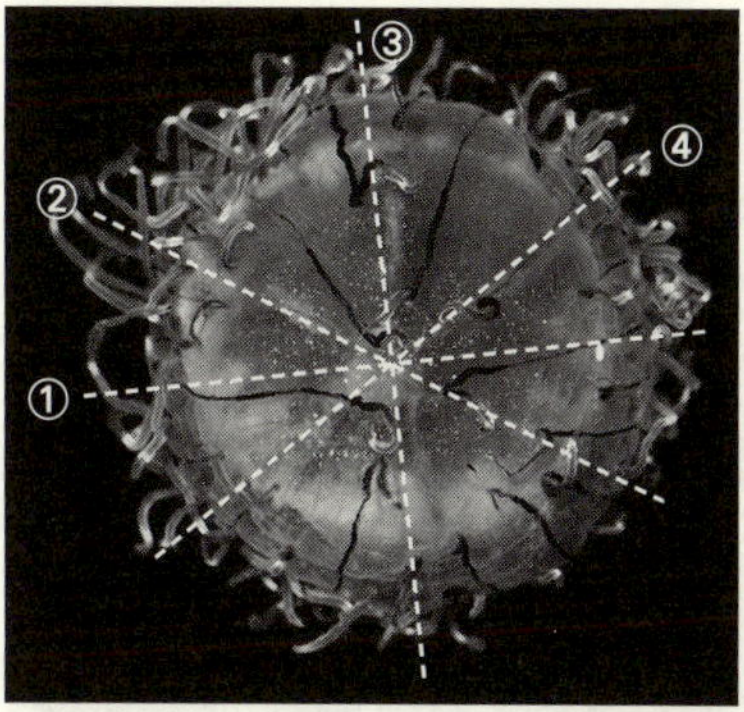


図２－３　ハナガサクラゲ（刺胞動物門）の背側．４本の対称軸を示す．写真撮影：幸塚久典（東京大学）．

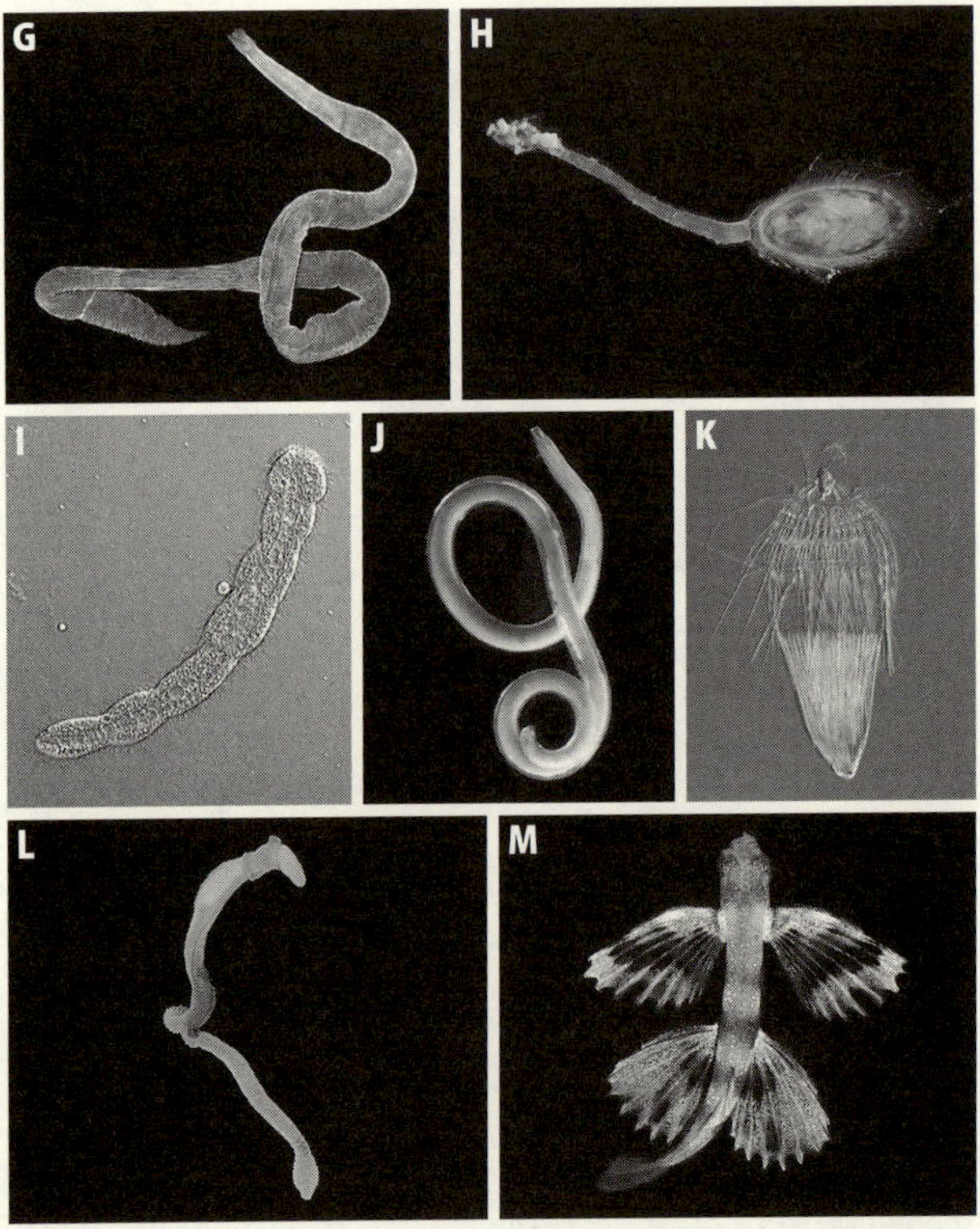


図2－4　さまざまな多細胞動物．A，ザラカイメン類（海綿動物門）．B，ムラサキカイメン類（海綿動物門）．C，カブトクラゲ類の一種（有櫛動物門）．D，顎口動物門の一種．E，オニイソメ（環形動物門多毛類）．F，ナサバイ（軟体動物門腹足類）．G，ミドリヒモムシ（紐形動物門）．H，ミドリシャミセンガイ（腕足動物門）．I，ヤマトニハイチュウ（二胚動物門）．J，線形動物門の一種．K，*Rugiloricus*属の一種（胴甲動物門）．L，ヒメギボシムシ（半索動物門）．M，トビウオの一種（脊椎動物門魚類）．写真撮影：A～C，E～H，J，L，M，幸塚久典（東京大学）．D，峯岸秀雄（国立科学博物館蔵）．I，古屋秀隆（大阪大学）．K，山崎博史（九州大学）．

A
B
C
D
E
F

成する最も小さな単位である細胞同士の接着もあいまいで、我々が想像する動物とはかなりかけ離れているが、それでもれっきとした動物である。

その理由の一つは、この海綿の小さな穴の内側にある「襟《えり》細胞」が、鞭毛《べんもう》と呼ばれる一本のムチ状の毛を波打たせて「動かしている」、つまり自ら水流を起こしているからである。また、採集した海綿を腐らせると、動物の腐臭がすることから、古くから海綿＝動物と認識されてもいたらしい。現在でも海綿動物を多細胞動物と認めるかはいまだ議論が続いているところだが、最近のDNA解析からは、少なくとも海綿がその他の多細胞動物に最も近縁であることが支持されている（Feuda et al., 2017）。

この海綿動物がなぜ祖先的と考えられているかといえば、前述した襟細胞が、動物に最も近いと言われている襟鞭毛虫という単細胞生物とそっくりなためである。つまり、この襟鞭毛虫が集まって集合体として暮らしはじめたものが海綿動物の祖先であり、多細胞動物の起源であるというわけである。

非左右相称動物では他に、「センモウヒラムシ」と呼ばれる、体の背腹はあるが左右相称性がない平板動物門や、櫛板《しつばん》と呼ばれる美しい帯状の構造を体に持つクシクラゲの仲間を含む有櫛《ゆうしつ》動物門が知られる（図2－4）。「クラゲ」という言葉があるためややこしいが、これは刺胞動物門とは異なり、相称軸が二本しかない（Nakano, 2014）。

## 門の進化と系統関係②――前口動物と後口動物

左右相称動物は、大きく「前口動物《ぜんこう》」と「後口動物《こうこう》」に大別される。これらの見分け方を知る上では、また生物学の基礎的な知識が必要となる。動物の精子と卵が受精し、受精卵となり、どんどん細胞分裂（この時期の細胞分裂を「卵割《らんかつ》」という）を繰り返し、細胞の塊《かたまり》の時期（胚《はい》という）を経て、小さな子供である「幼体」に至るまでの過程を初期発生という。

この初期発生の過程での特徴的な外見の変化に、消化管の形成がある。すなわち、口と肛《こう》門《もん》をつなぐ一つの管である。これは、胚の一部に凹《へこ》みが生じて、どんどん内側にへこんで穴になり、最終的に反対側に突き抜けて、胚を貫通することで形成される。基本的にはこれが消化管になるのであるが、反対側に突き抜けたほうの穴が口になり、最初のへこみは肛門になる、つまり口が後からできる動物を後口動物と呼ぶ。これに対して、最初、つまり（以前にできた凹み側が口になる動物を、前口動物と呼ぶ（図2‐5）。

またこの際、多くの左右相称動物では、外胚葉、内胚葉、中胚葉の三種の細胞や、体の内側の空所（原体腔《たいこう》）に、中胚葉層で裏打ちされた真体腔を形成する。前口動物ではこれが原体腔の内側に形成されるのに対し（裂体腔）、後口動物では消化管がくびれて形成される（腸体腔）という違いがある（図2‐5）。また、前口動物のなかには細胞層の裏打ちがない偽体

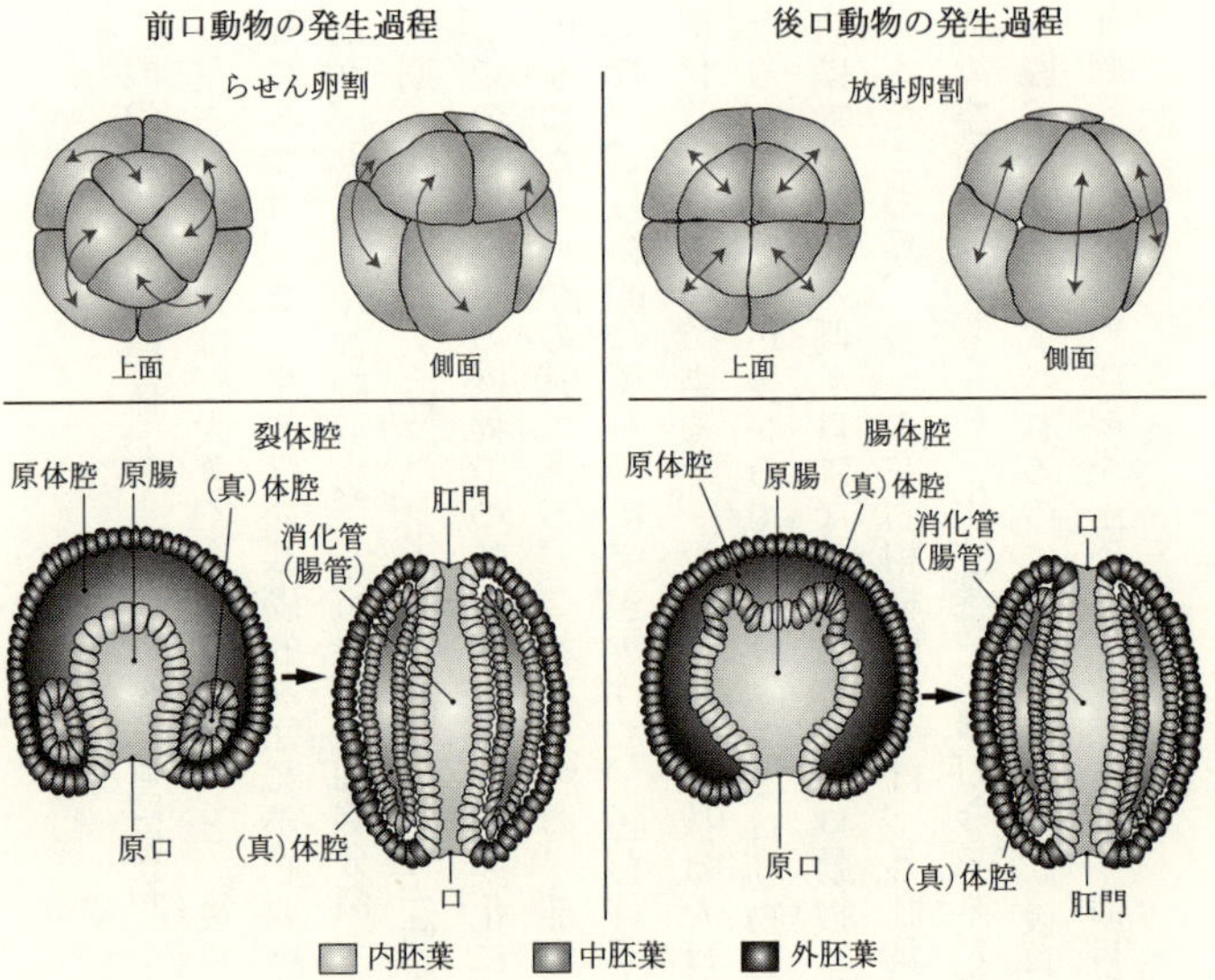


図2－5　前口動物と後口動物の発生様式の違い．Postlethwait et al. (2002) を参考に作図．形態用語の和訳は団ら（一九八三）を参照した．

腔を形成するものもいるが、これは二次的に真体腔が失われたものと考えられている（白山編、二〇〇〇）。

　前口動物は非常に多様で、動物全体の約七〇パーセントに及ぶ二四の動物門を含み、これらは一六門を含む冠輪《かんりん》動物と、八門を含む脱皮動物に分けられる。前者の冠輪動物は、口の周りを囲み、表面の細かい毛の動きで口に向かう水流を起こす触手（触手冠）を持つものと、体表に細かい毛の環状列（繊毛環）を三列持つトロコフォア幼生（海生動物の子供のほとんどは幼生と呼ばれる）の発生過程を経るものをあわせたグループである（図2－6）。冠輪動物はらせん卵割動物と呼ばれることもあるが、これは最初期発生の段階で、割球（受精卵の細胞分裂の結果できる小さな細胞の一つ一つ）の配置がらせんを描くように「捩《ねじ》れる」ことからこう呼ばれている。ちなみにこれに対して後口動物の捩れない卵割を放射卵割と呼ぶ（図2－5）。

冠輪動物に含まれる一六の動物門の系統はいまだ議論の真っただ中にあり、専門知識が必要となるためここで詳しくは述べないが、簡単に言えば、しっかりとした顎状の構造を持つ微小な顎口《がくこう》動物門、微顎動物門、輪形動物門、毛顎《もうがく》動物門と呼ばれるグループがまとめられた「担顎《たんがく》動物」や、トロコフォア幼生期を経る環形動物門、軟体動物門、紐形《ひもがた》動物

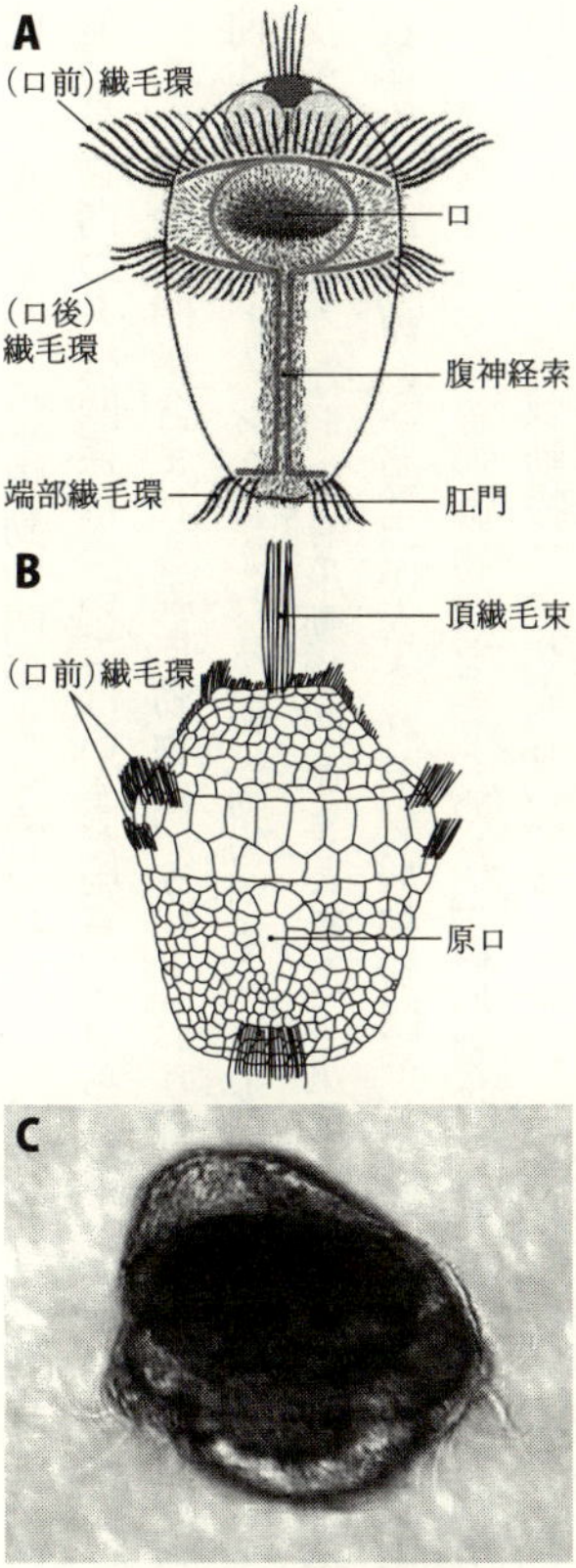


図2－6　さまざまなトロコフォア幼生．A，トロコフォア幼生の概形．B，典型的な軟体動物門のトロコフォア幼生．C，ゴカイ（環形動物門多毛類）と思われるトロコフォア幼生．A，B，Brusca et al.（2016）を基に作図（B，幸塚久典〔東京大学〕）．

門、腕足《わんそく》動物門、箒虫《ほうきむし》動物門がまとめられた「トロコフォア動物」が挙げられるが、その他の動物門の系統関係についてはいまだ定見が見られない（図2－2）。

八つの動物門が含まれる脱皮動物は、文字どおり脱皮を行う動物を含むグループである。前述したカブトムシが含まれる節足動物門や、緩歩《かんぽ》動物門（いわゆるクマムシ）、イモムシの肢が伸びたような形の有爪《ゆうそう》動物門をまとめた「汎節足動物」、魚に寄生してアニサキス症（後述）を引き起こす線虫が含まれる線形動物門や、カマキリなどの腹に寄生するハリガネムシが含まれる類線形動物門をまとめた「線形動物」、鰓曳《えらひき》動物門、胴甲《どうこう》動物門、動吻《どうふん》動物門をまとめた「有棘動物」より成る（図2－2）。

読者にはほとんどが聞き覚えのない動物であろうが、なかでも特に有棘動物は一般に知名度が低かろう。これらは概して体長一ミリメートル以下の非常に小さなものが多く、頭部に棘《とげ》を持つため有棘動物と呼ばれている。動吻動物門に関しては後述する。

我々ヒトが含まれる脊椎動物門は、後口動物である。前口動物に比べると後口動物に含まれる門の数は、動物全体の約一五パーセントと少なく思われるかもしれないが、前述した頭索・尾索動物門を除くと、ヒトデ・ナマコ・ウニなどを含む棘皮動物門も後口動物のメンバーである。ほとんどが目に見える大きさで、比較的聞き覚えのある動物も多かろう。

後口動物は、脊索動物と、棘皮動物にギボシムシと呼ばれる動物を含む半索《はんさく》動物門を加えた水腔動物とに大別される。ギボシムシは一見すると、細長くて目立った脚がない、ミミズを思わせる蠕虫状《ぜんちゅうじょう》の動物であるが、進化的には比較的我々に近い動物である（図2-2、2-4）。これも目に見える大きさのものがほとんどだが、常に砂などに潜って生活し、かつ体が非常にもろいため、一般的な知名度はかなり低い。各動物門の日本語で読める解説は、藤田（二〇一〇）やパイパー（二〇一六）を参考にしてほしい。

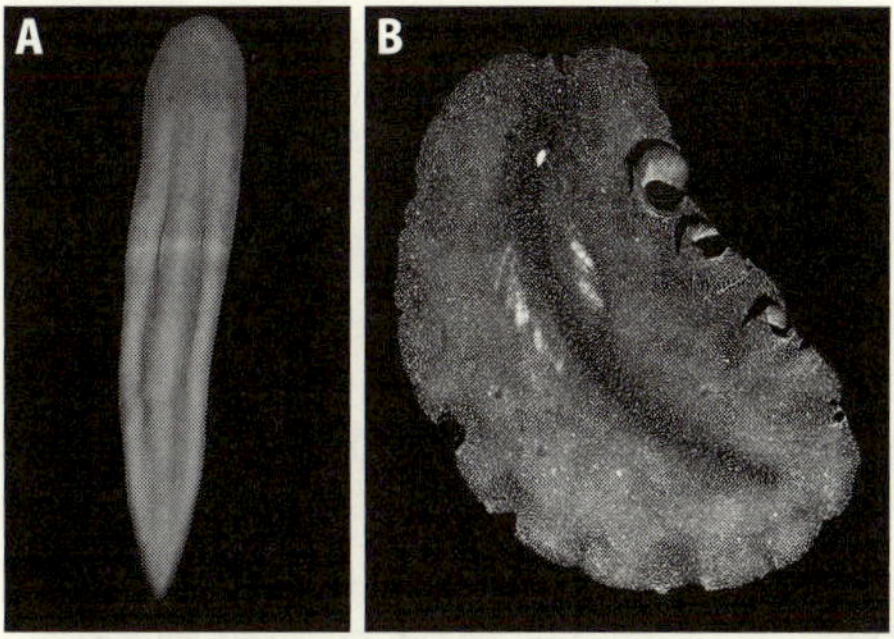


図2-7　A, 珍渦虫の一種, 《*Xenoturbella japonica*》(珍無腸動物門). B, ムラサキニセツノヒラムシと思われる扁形動物門渦虫類. 写真撮影：幸塚久典(東京大学).

　近年、左右相称動物のなかで、前口動物か後口動物かいまだその所属に議論がある珍無腸《ちんむちょう》動物門が認められた。おそらくほとんど耳にしたことがない動物だと思われるが、これは、体が平たく、もぞもぞ這《は》って動く珍渦虫《ちんうずむし》や無腸《むちょう》類と呼ばれる動物をまとめたものである（図2-7）。

　これらの動物は、以前は冠輪動物の扁形《へんけい》動物門に含まれていた。これはプラナリアやサナダムシに代表される動物門で、扁形（平たい形）の名が示すとおり平たく、体の周りに生えている細かい毛（繊毛）を動かして滑るように動くか、他の生物の体のなかに寄生しているものが多い。体の真ん中あたりに口を持ち、消化管へと続くが、肛門がない。しかし珍無腸動物は消化管すらなく、目立った神経も脳も持たないため、近年になって独立した動物門として認識されるようになってきている、謎《なぞ》の動物である（図2-7）。

## 陸と海ではどちらの生物が多い？

では、近年の研究結果を考慮して、脊椎・頭索・尾索動物を門とし、地球には三四の門が存在すると考えると、海と陸ではどちらの門が多いか。それは、圧倒的に海である。三四の動物門のうち、純陸産はたったの二門にすぎない。対する純海産は一三門、残りの一九門が海陸両棲《りょうせい》である（図2-2）。したがって、海で見られる動物門を全て把握すれば、この地球上の動物の基本的な形は、全て理解できるということになる。ちなみに、純陸産の二動物門は、有爪動物門と微顎動物門である（白山編、二〇〇〇）。

さて、そうすると海の動物の多様性のほうが高いかというと、実はそうとも言いきれないのが生物の面白いところである。今度は、最高位階級の門ではなく、最低位階級である種に注目してみる。二〇二〇年三月の時点で一六九の分類データベースを統合する“Catalogue of Life”に登録済みのデータによると、現在命名されている約一八〇万の生物種のうち、一〇六万種を節足動物門が占めている。さらにこのなかで昆虫の占める割合は九一万種である。このことは、種数で見ると、海よりも陸の動物種数のほうがはるかに多いことを意味する。なぜなら、昆虫はほぼすべての種が陸産だからである。ところで、ここで述べた各分類群の種数はあくまでも登録済みのデータに基づくもので、Catalogue of Life に記載されている「見積もりの種数」はいずれもこの一、二割ほど多い。

ということで、門と種の数で陸と海の生物の多様性を比べてみたものの、それぞれに一長一短があり、単純には比較できないことがおわかりいただけただろう。しかし、これは既知種数に限った話であることに留意していただきたい。例えば昆虫は未記載種を全て含めると、三〇〇〇万種に上ると考える研究者もいる（藤田、二〇一〇）。さすがにそれは多く見積もりすぎだとしても、そうであれば陸の生物の種数は、ポテンシャルを考慮しても高いのかもしれない。

ただし、これは、昆虫の研究者が多いことによると考えることもできる。昆虫は、やはり人を惹きつける魅力があるらしく、プロ・アマ問わず、日々記載に取り組んでいる研究者は相当数に上る。それに比べて、マイナーな動物のなかには、研究者数自体が少ないために、その全貌《ぜんぼう》が全く明らかにされず、マイナーに甘んじているものも多い。

その最たるものが脱皮動物の線虫（線形《せんけい》動物門）である。線虫とは、読んで字のごとく、

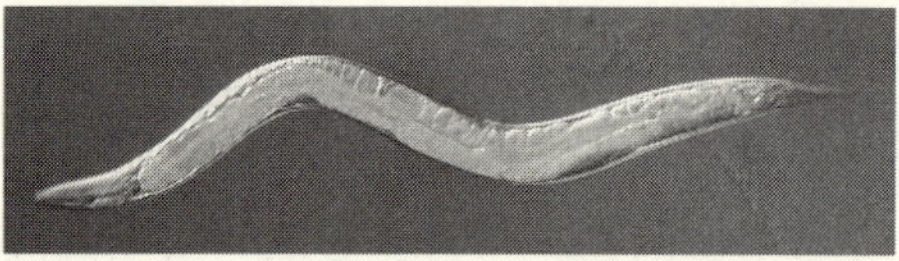

図2－8　モデル生物の線虫，《*C. elegans*》．写真提供：飯野雄一（東京大学）．

見た目はまるで何かの毛のような細長い蠕虫状の動物である。体表はクチクラに覆われ、動きはどこか機械チックで、ミミズなどのそれとは一線を画す。慣れてくると、顕微鏡のなかでうごめくさまから、一発で線虫と断定できるようになる。また頭部の前端に感覚毛を、左右に双器と呼ばれる感覚器を備えることも大きな特徴である（白山編、二〇〇〇）。

他の生物に対する寄生性と、そうではなく単独で生きることのできる自由生活性の両方が知られ、寄生性のものでは、二〇一七年に全国で食中毒を引き起こして話題になったアニサキス（*Anisakis*）類が、自由生活性のものでは、超がつくモデル生物（後述）である《*Caenorhabditis elegans*》（通称：シー・エレガンス）が有名である（図2－8）。

シンプルな見た目ながらもさまざまな面で我々と接点のある線虫であるが、本当に注目すべきはその多様性だと私は思う。この線虫、なんと昆虫一種につき、一種の寄生種がいるというのである（白山編、二〇〇〇）。この時点ですでに昆虫に迫る多様性を持つことになる。

さらに、海産の自由生活性の種だけでも一億種を超えるという見積もりもあるので、もし昆虫が本当に三〇〇〇万種いるのであれば、ひょっとすると動物だけでも、昆虫（三〇〇〇万種）＋昆虫に対する寄生性線虫（三〇〇〇万種）＋自由生活性線虫（海産だけでも一億種以上）で、計一億六〇〇〇万種以上!?　とんでもない多様性が算出できてしまうのである。これは極端な見積もりだとしても、現在のところ、線虫の既知種は二万五〇〇〇種（Zhang, 2013）。動物のなかでは多いほうであるにしろ、その真の多様性を考えると昆虫と比べて見劣りする感は否めない。

繰り返しになるが、その理由は研究者の少なさにある。ほとんど分類学者がいなかった十数年前に比べれば、いくらかは改善が見られるらしいが、特に海産の線虫の分類学者は、国内でも数えるほどしかいないということである。かつては海産の線虫に関しては、「名前が分かっている線虫を日本で見つけるのは、宝くじを当てるようなもの」、つまり大げさに言えば、名前のわからない新種しか見つからないと言われるほどだったらしいが、いまだ劇的な状況の改善には至っていまい（白山、一九九三）。

少し話が横道に逸《そ》れてしまったが、陸と海の生物の比較については、比べる視点によって状況が変わってくることがおわかりいただけただろうか。いずれにしても、その多様性にはまだまだ未解明な部分が大きく、したがって分類学者は、その未知領域に少しでも人類到達の旗を多く打ち立てようと野外を駆けずり回っている。次節では、分類学の愉しみの一つであるこの「野外活動」について、私の知りうる限り説明したいと思う。

## 2　陸の動物を採集する

### トラップによる採集

陸圏の動物採集の花形といえば、やはり昆虫採集ではないだろうか。私も子供のころはカブトムシやクワガタムシがほしくて、実家（高知）の森で木の幹に蜜《みつ》を塗ったりしたものである。結局、その方法ではカブトムシもクワガタムシも採れず、一番採集効率がよかったのは、実家の家の網戸を眺めることであった。家のなかの明かりに引き寄せられて、一シーズンに一度はカブトムシやクワガタムシが来て、大喜びした思い出がある。ただ、なぜかカブトムシに関しては雌《めす》ばかりで、かっこいい角を持つ雄が来たのは、私が実家で暮らした一九年間のうち、たった一度だったと記憶している。

このエピソードや「飛んで火にいる夏の虫」という言葉が示すとおり、陸上で昆虫を採集する上で、光による誘因は極めて効果的である。これを利用した「ライトトラップ（灯火採集）」という方法がある。さまざまな流儀・方法があるが、私が採集に用いたことのあるライトトラップは、灯《あか》りの下に大きなバケツを置くという構造のものである。このバケツのなかに、殺虫成分のある酢酸エチルを含ませた新聞紙を入れておき、光に引き寄せられて電球に当たったりしてバケツのなかに落ちた虫を弱らせる（図2－9）。

比較的単純な原理ではあるが、正の走光性のある（光に寄り集まる）さまざまな飛翔性の昆虫が一晩で一とおりは採れる。このバケツとライトを結合してセットにしておけば、木とロープを利用して中空に浮かせることで、昆虫の生息する高さに合わせた採集を行うこともできる。

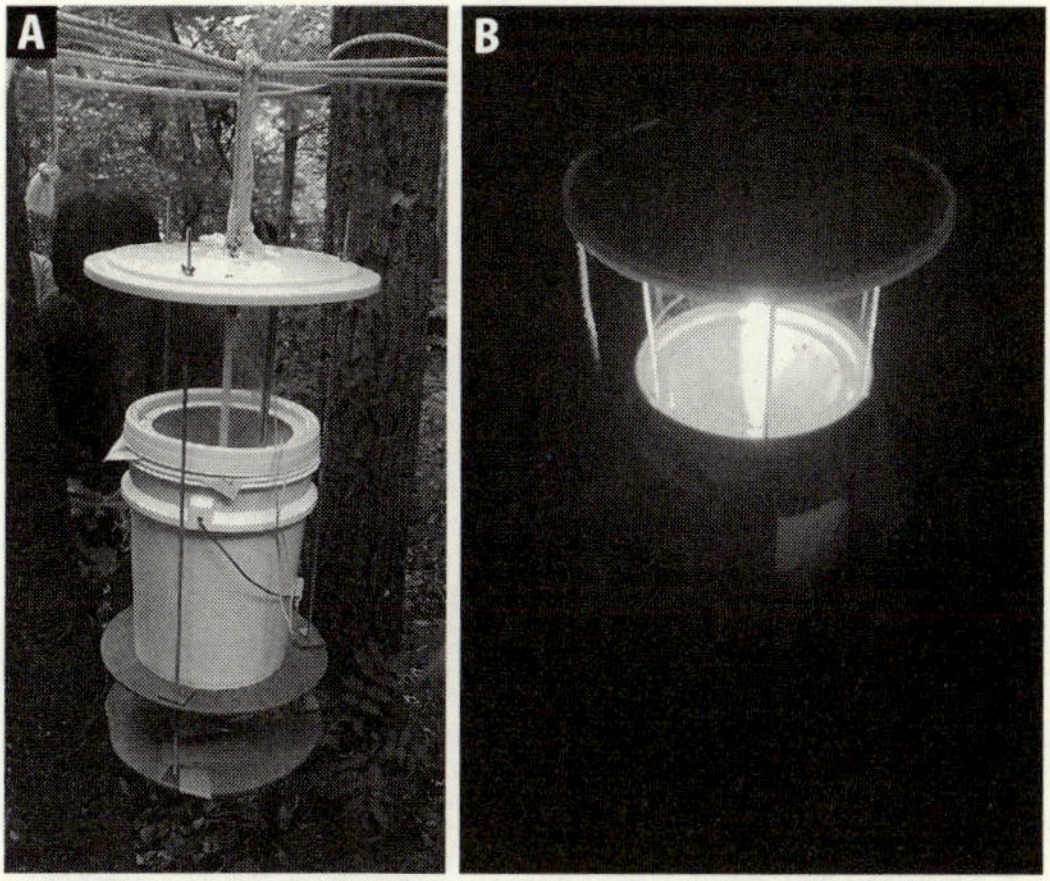

図2－9　ライトトラップ．A，ライト点灯前．B，点灯中．

同じように飛翔性の虫を採る方法にウィンドウトラップという方法がある。これもバケツに虫を落とすやり方だが、光などは使わず、バケツの上に透明な板を垂直に立たせておくだけという極めて単純な方法である。

透明な板に気付かず激突した虫がバケツのなかに落ちるのだが、ここには洗剤などを入れて飛び立ちにくくしてある。私は学生実習のときにウィンドウトラップを使ったことがある。ライトトラップでは千単位の個体数の昆虫が採れていたのに対して、十数匹という成果に終わったが、ウィンドウトラップで採集できるのは、光に寄り集まる虫だけではないため、その地域の昆虫相をより正確に測ることができるのかもしれない。

図2－10　ピットフォールトラップ．A，埋める前の容器．B，埋めたばかりの容器．

ピットフォールトラップと呼ばれるいわゆる「落とし穴」による採集法もある。実験などで使う手のひらサイズの瓶に餌《えさ》を入れて、ちょうど入り口の高さが地表ぴったりになるように地中に埋めることで、寄ってきて落ちた昆虫を捕らえるという方法である（図2-10）。餌はターゲットとする虫によってさまざまだが、例えば甘い蜜にはアリなどが寄り、匂いが強い魚の肉などにはオサムシなどの肉食性の昆虫が寄るそうである。トラップの壁面にベビーパウダーを塗ると、昆虫が這い上がれなくなって採集効率が上がるらしい。

このピットフォールトラップは、紙コップやプラスチックコップなどを使って安価に作ることも十分可能なので、罠《わな》による昆虫採集の第一歩としておすすめだ。

他にも樹上の虫などを採るための、「叩《たた》き網法」が知られている。これは、木の枝などにとまっている昆虫が、衝撃を受けると落下する習性を利用したもので、下に受け網をあてがって枝葉を棒で叩き、落ちてきた虫を拾うという方法である。四角い白布の四隅を竹などで支えた受け網が専門店で市販されているが、白い生地の雨傘を開いて逆さにしても代用は可能である（神奈川県立生命の星・地球博物館編、二〇一〇）。

### 見つけ採りによる採集

もちろん、見つけ採りも効果的な採集方法だ。道を歩きながら周囲を観察し、見つけた虫を捕らえる伝統的な方法である。虫取り網で藪《やぶ》を振るったり、石や葉の裏をめくったりと、とにかく虫のいそうなところを網羅的に自分の手で探していく。単純ゆえに奥が深いらしく、とにかく昆虫の習性を知ることが重要だそうだ。

例えば逃避能力の高いトンボであれば無理に追いかけて捕まえることはせず、種によっては徘徊《はいかい》ルートが決まっているのでそれを見極めて待ち伏せすることがコツである。

擬態《ぎたい》する動物には、周囲の環境にまるで溶け込むかのように擬態する「保護色系」や、危険なスズメバチなどに擬態する「カムフラージュ系」が知られており、いずれも巧みなものが多く、看破するにはそれなりの知識と経験を要する。あらかじめ図鑑などでその保護色やカムフラージュの種類を頭に入れておかねばならないだろう。

特に後者のカムフラージュに関しては、スズメバチやテントウムシと思われる形のものには、初めから本物のスズメバチやテントウムシと思わず擬態を疑ってかかったほうが間違いが少ないくらいだという（スズメバチに擬態するアブに関しては不完全なものも存在する〔鈴木、二〇一七〕）。もちろん、図鑑に載っていない擬態種も相当にいると思われるため、こうなるともう、経験がものをいう世界だろう。

昆虫の多くは食物にする植物が決まっている。したがって、昆虫を捕獲するためには、植物の特性を頭に入れておくことも重要である。チョウであれば寄生先となる植物、カミキリムシであれば餌とする樹木とその部位の知識が重要だし、蜜に集まる種類もいる。また、これらの植物に残された食痕《しょくこん》や産卵痕といった削り痕《あと》の形が頭に入っていれば、その植物の種類とかじり方から「犯人」を推定することで、そこに生息している昆虫の種類にあたりを付けることができる。

地上を這う小さなアリなどを採集する場合は、手にする道具を網から吸虫管に替えなくてはならない。吸虫管とは、ガラス管にプラスチックチューブを付けたもので、一方を口にして息を吸い、もう片方の管の先を虫に近づけて管のなかに吸い込む道具である。自分の口内に虫をトラップしてしまわないように、吸口管の入り口には布などをかぶせて使う（図2-11。他にも種類がある）。

なんにせよ、卓越した経験を要する見つけ採り採集だが、陸上の野外採集に疎《うと》い私は、この見つけ採り採集が最も昆虫研究冥利《みょうり》に尽きる方法なのではないかと推察する。何日も山にこもり、自分の目当ての虫が採れたときの感動は筆舌に尽くしがたいだろう。残念ながらその感動を味わえずにここまで来てしまったが、機会があればぜひとも挑戦してみたいものである。

他にも昆虫だけでなく、土のなかの微小な土壌動物などを効率よく採集する「ツルグレン装置」も知られる。これは、篩状《ふるいじょう》の容器に採集した土や落ち葉を入れ、その上から白熱球

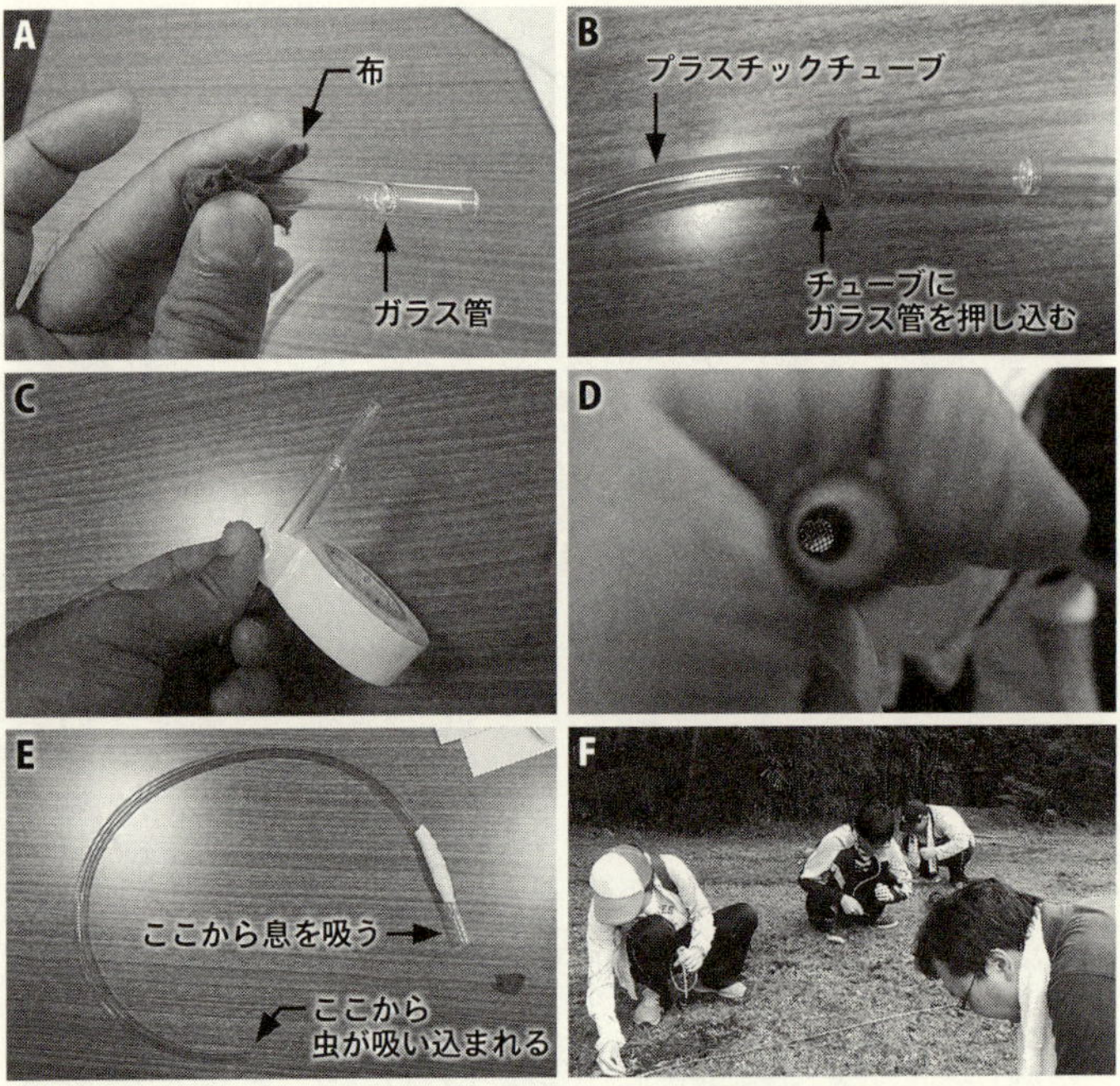


図２－11　A〜E，吸虫管の作成過程．F，使用中の様子．

などを照射することで、熱・光・乾燥を嫌う土壌動物が篩を通り抜けて下に落ちてくるものを回収する装置である（図２－12）。

専門店で売られているものもあるが、篩や画用紙、電気スタンドを使えば安価で代用は可能である。これはかなり効率的な採集法で、微小な昆虫だけでなく、ダンゴムシやヨコエビなどの陸上甲殻類、ダニ、クモ、ムカデ、ヤスデなど、多種多様な節足動物が採集可能である（図２－13）。

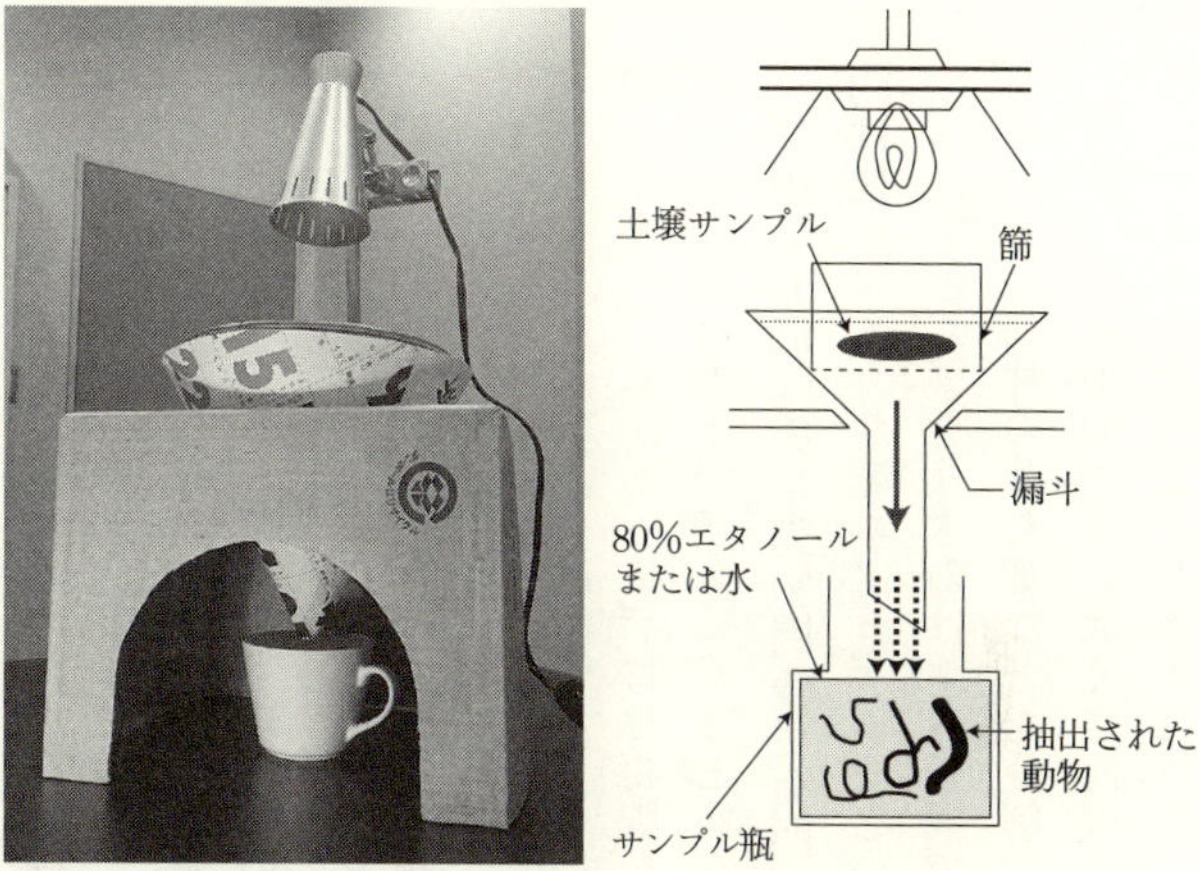


図2－12　簡易的に作られたツルグレン装置（左）と概念図（右）.
写真撮影：島野智之（法政大学）. 図は島野智之の原図を基に作成.

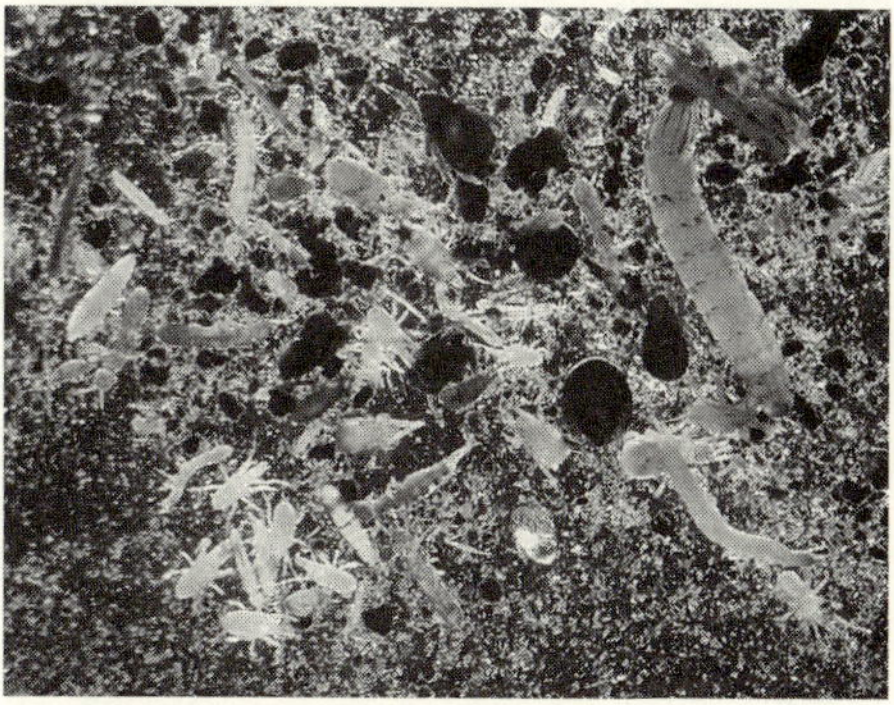

図2－13　ツルグレン装置で採集される土壌動物.
写真撮影：島野智之（法政大学）.

陸圏ということであれば、川に棲む生物や、爬虫類、鳥類、哺乳類、ヒル・ミミズなどの調査、並びに化石採集なども範疇に入ってくる。しかしながら、私自身にそれらの十分な経験がないため、本書ではこれらの調査方法は割愛させていただくこととした。最近ではインターネット上でも調査方法などはたくさん紹介されているし、国立科学博物館が編集に携わっている『標本学』に、各生物群の収集・調査の方法から標本作成・管理方法までをひととおり網羅してあるので、参考にしていただきたい（松浦編著、二〇一四）。

## *Column* 名は体を表す、ムカデの場合——学名のはなし②

ムカデといえば、ゴキブリと並び、我々の生活に不快感をもたらすいわゆる「不快害虫」である。しかもムカデには毒腺《どくせん》を持つ顎があり、患部が腫《は》れあがるほどの傷を負わせ、直接的な害まで与えてくるという攻撃性を持ち合わせた厄介者である。

分類学的には節足動物門多足亜門（綱とすることもある）のムカデ綱である。多足亜門は他にコムカデやエダヒゲムシといった聞きなれない分類群も含むが、多足類のなかでムカデと双璧《そうへき》をなすのはヤスデ綱である。

ヤスデは森林の落ち葉などを分解し人の役に立つ側面も持つが、やはり見た目の恐ろしさと、時折地面を覆い尽くさんばかりに大発生して這いまわる印象が勝り、不快害虫のレッテルを覆すことができていない、悲しき益虫である。

このムカデとヤスデの違いは背面から見た各体節の脚の本数にある。ムカデは一対（二本）なのに対してヤスデは背面の体節の二つが一つに癒合《ゆごう》する（重体節）ため、見た目上は各体節に二対（四本）の附属肢を持つように見える。それぞれの英名は、ムカデが **Centipede**、ヤスデが **Millipede** であり、それぞれ「百本の脚を持つ」と「千本の脚を持つ」という意味で、ヤスデのほうがたくさん脚を持つという特徴をそれなりに表している。

和名は、ムカデが「百足」であり、これは **Centipede** の直訳らしい。一方のヤスデは「八十手《やそで》」に由来する（諸説あり）らしいが、これだとヤスデの脚のほうが少ないということになる。

学名では、ムカデ、ヤスデはそれぞれ **Chilopoda**、**Diplopoda** だ。**“poda”** はギリシャ語に由来する「脚」という意味の単語で、この学名を訳すとそれぞれ「唇脚《しんきゃく》類」と「倍脚《ばいきゃく》類」となり、後者は形態の特徴を正確に伝える命名となっている（小野、二〇〇八）。学名を含めた名前がよく特徴を表している一つの例と言えよう。

## 3　海の動物を採集する

### 磯採集（見つけ採り採集）

海の生物の採集方法も多岐にわたる。その生態の多様性が、形態の多様性とも相まって非常に高いからだ。我々に親しみのある陸上に近い部分からご紹介すると、誰もが楽しんだ磯観察は、実はさまざまな海の生物を効率的に採集することのできる方法である。特に春先から夏場までは、生物が多く、昼間に潮が引くため（ちなみに、秋から冬は深夜に潮が引く）、大潮に合わせて磯に行くだけでたくさんの動物を目にすることができる。

磯ではまず、カニや魚などに目が留まりやすく、それらを捕らえるために網を握りしめることが多いだろう。磯に生息する比較的小さな動物からすると、人間は恐ろしいハンターである。捕まれば最後、バケツのなかでうだるような暑さのもとで放置され、いじられ、場合によっては解剖されたりで、生きて海に戻れる可能性は少ない（生物は優しく観察した後に海に戻しましょう）。

このような恐ろしい敵への対抗策として多くの動物が採用している手段が「逃走」である。先述した魚やカニ、エビなどは、この逃避行動に長けている。潮が引いてできた潮溜りとい

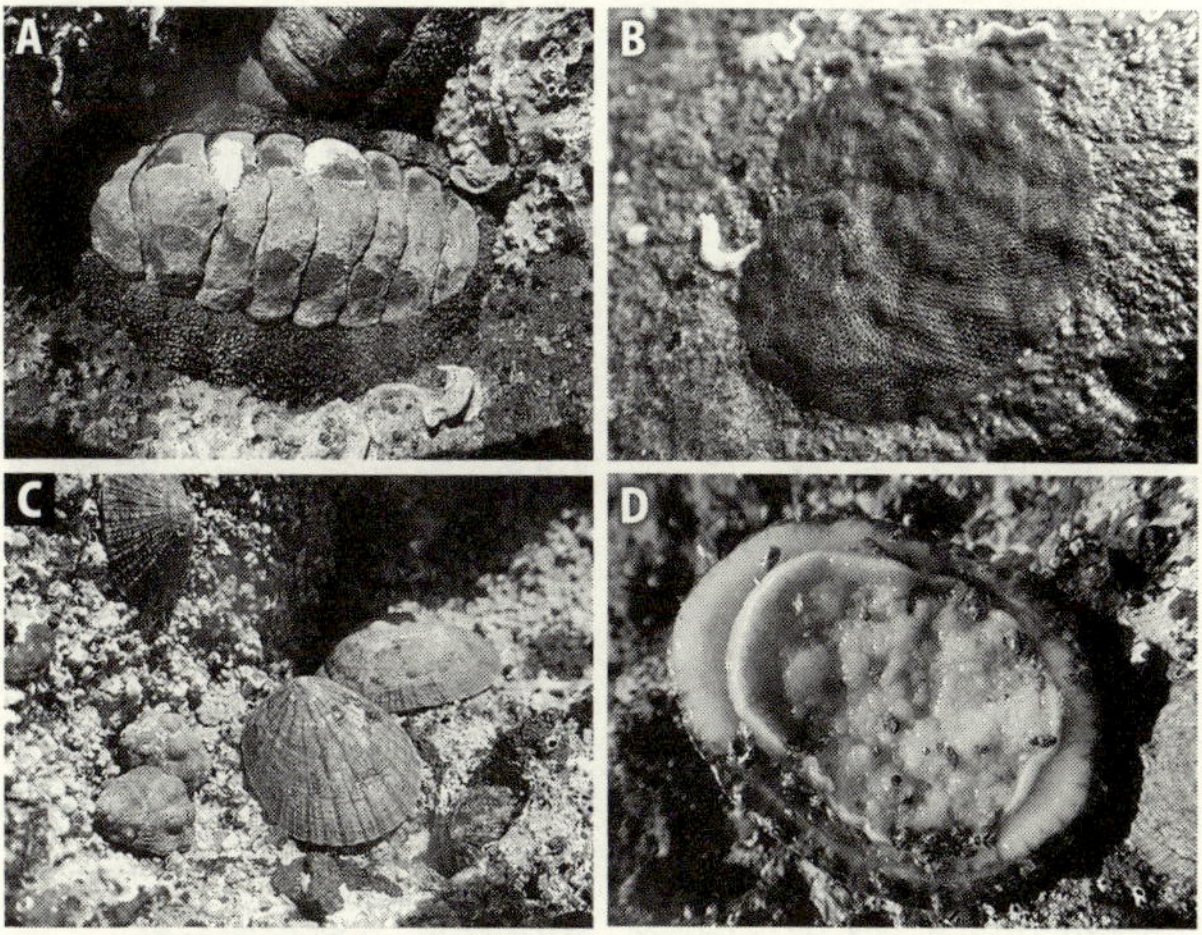


図2－14　磯で見られる固着性の動物．A，ヒザラガイ（軟体動物門）．B，チゴケムシ（外肛動物門）．C，マツバガイ（軟体動物門）．D，マツバガイをはがしてひっくり返したところ．

う限られた空間のなかでも、ただ網を振るうだけではこれらの生物を捕まえるのは困難で、逃避ルートを先回りして網を仕かけておくなどの工夫が必要だ。

また、わざわざエネルギーを消耗する逃避に頼らずとも、敵から身を守っているものもいる。フジツボやカサガイ、カキなどの「固着性」の動物たちである。彼らに共通するのは、強力なセメント性の接着物、あるいは筋肉で岩などの硬い部分に強く固着し、外骨格を硬く発達させて、外部の攻撃に備えているという点である（図2－14）。

彼らに対して素手で挑むのは無謀の一言に尽きる。フジツボやカキはそもそも固着部が「セメント」で非常に硬いし、岩にぺったり張り付いているカサガイなどの貝も、少しでも外骨格に触れると、途端に踏ん張って、どんなに引っ張ろうがびくともしなくなる（図2－14）。無理に力を入れると、殻が壊れて「本人」が死んでしまうか、逆に殻の表面のざらざらで手が擦れてこちらが怪我をするかの二択だ。

有効な手段としては、彼らが「油断している」隙を狙うほかない。どういうことかというと、彼らが食事（大抵は岩肌の海藻など）に集中している隙に、殻の隙間に採集器具を差し込み、力を入れて一気に岩からはがすのである。そこで、網を「磯がね」に持ち替えることを私は推奨する。

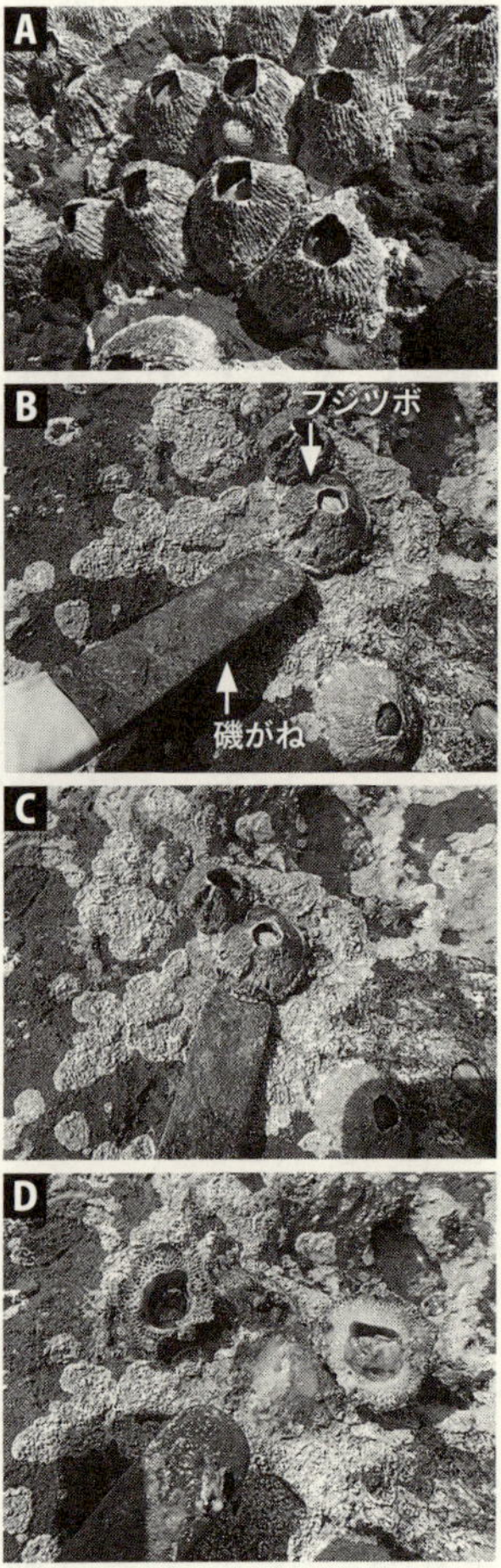


図2－15　クロフジツボ（節足動物門）を磯がねを使ってひっくり返す過程．

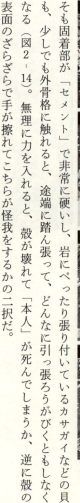

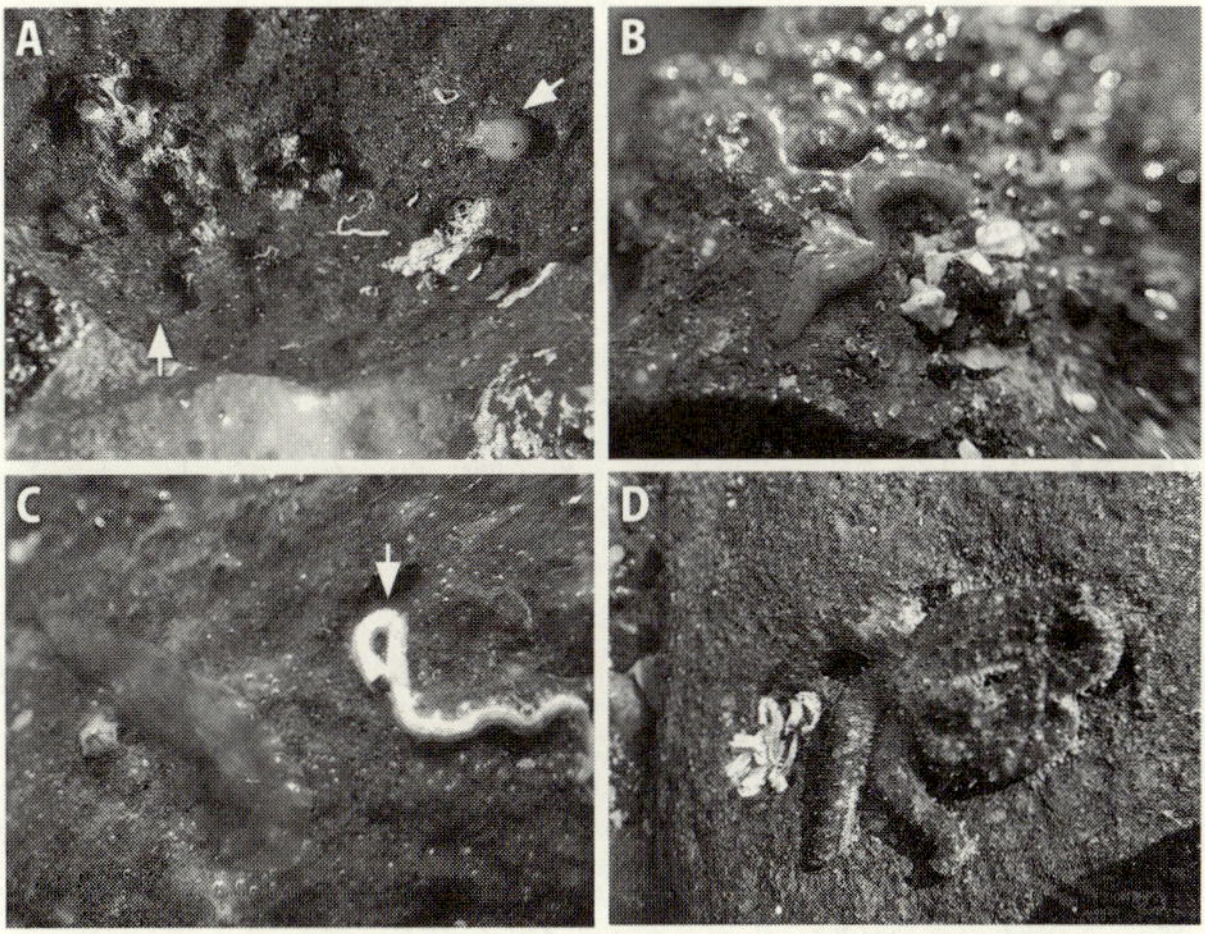


図2－16　磯で見られる転石下の動物．A，石の裏に固着する単体性ホヤ（右矢印）と群体性ホヤ（左矢印），ともに尾索動物門．B，ヒモムシ（紐形動物門）．C，ヒラムシ（中央，扁形動物門渦虫類）とゴカイの巣の管である棲管（矢印，環形動物門多毛類）．D，ヤツデヒトデ（棘皮動物門）．

磯がねは別名「アワビおこし」で、まっすぐな細長い金属板で一端がへら状に薄く、もう一端がフック状に尖った採集用具である。これを使い、固着性生物のウィークポイントに狙いを定めて力を入れれば、少なくともカサガイなどのような貝は比較的簡単に岩からはがすことができる。フジツボやカキなどでも、岩と生物の間にわずかでも隙間があればそこに力を込めることで、うまくいけば拍子抜けするほどあっさり採集できる（図2－15）。

このような例を除けば、他のほとんどの動物は、他の捕食者から

「隠れて」暮らしている。岩の隙間、砂のなか、海藻の根の間、転石の下など、磯での動物の隠れ家は枚挙《まいきょ》にいとまがない。彼らを見つけるためには、とにかくじっと観察することだ。

転石をひっくり返してみると、一目散に逃げだすヒラムシや、堂々と石の表面に鎮座するヒトデ、固着性のホヤなど即座に目につく生き物はいるが、多くはすぐには動き出さない。当たり前である。転石をひっくり返すほどの強大な力を持った化け物が、まだじっとこちらを窺《うかが》っている可能性が高いからだ。そこで、石をひっくり返したら、しばらくそのまま石の表面を観察する。油断した動物から少しずつ動きを見せはじめる。石の表面を這う小さなエビや巻貝などがもぞもぞと動き出し、さらに石の表面に巣穴（棲管《せいかん》）を作っているようなゴカイの仲間も、しばらくするとそこから顔を覗《のぞ》かせるだろう（図2－16）。

### 微小生物に目を向ける

しかしこれでもまだ採集が難しい生物が存在する。それは、「メイオベントス」と呼ばれる、体長一ミリメートルに満たない（正確には〇・六四ミリメートル以下と言われる）、非常に小さな動物たちである。ベントスとは、専門用語で、「底生生物」のことである。遊泳能力に乏しく、常に海底で暮らしている動物がこれに当てはまる。

メイオとは「より小型の」という意味で、この言葉を半世紀以上前に提唱したイギリスのモリー・メア（Molly F. Mare）が、当時ほとんどのベントス研究で対象とされていたマクロベントス（大体一ミリメートルよりも大きいくらいの肉眼で確認できるサイズ）に対して用いたものである。

メイオベントス。また聞き覚えのない動物であろうが、砂浜を何気なく歩く我々の足元にも、このメイオベントスは潜んでいる。砂のほんの数ミリの隙間は、彼らにとって恰好《かっこう》の住処なのだ。

彼らを採集するためには、少し工夫がいる。まずは、目の細かい（〇・一ミリメートル以下が望ましい）篩（または網）を用意する。プランクトンの餌になる「ワムシ」用の網であれば、数千円で売っているはずである。

次に、海岸に出向き、メイオベントスが潜んでいそうな隙間のある基質《きしつ》（ここでは、生物の棲む土台のこと）を探す。例えば、砂浜のちょうど海水が浸るくらいの場所にある砂でも構わないし、岩に張り付いている海藻、防波堤に張り付いている小さなフジツボなどでもいい。これらをバケツに入れて、まず淡水に浸す。そしてかき混ぜることで、海水との浸透圧差に驚いたメイオベントスが、基質から手を離す（と言われている）。そしてしばらく静置して砂などの比較的重いものが沈降するのを待ち、上澄みをそっと篩や網で受けるのである。次に海水で同じことを二回ほど行い、最終的に網にたまったものを、丁寧に海水に移せば作

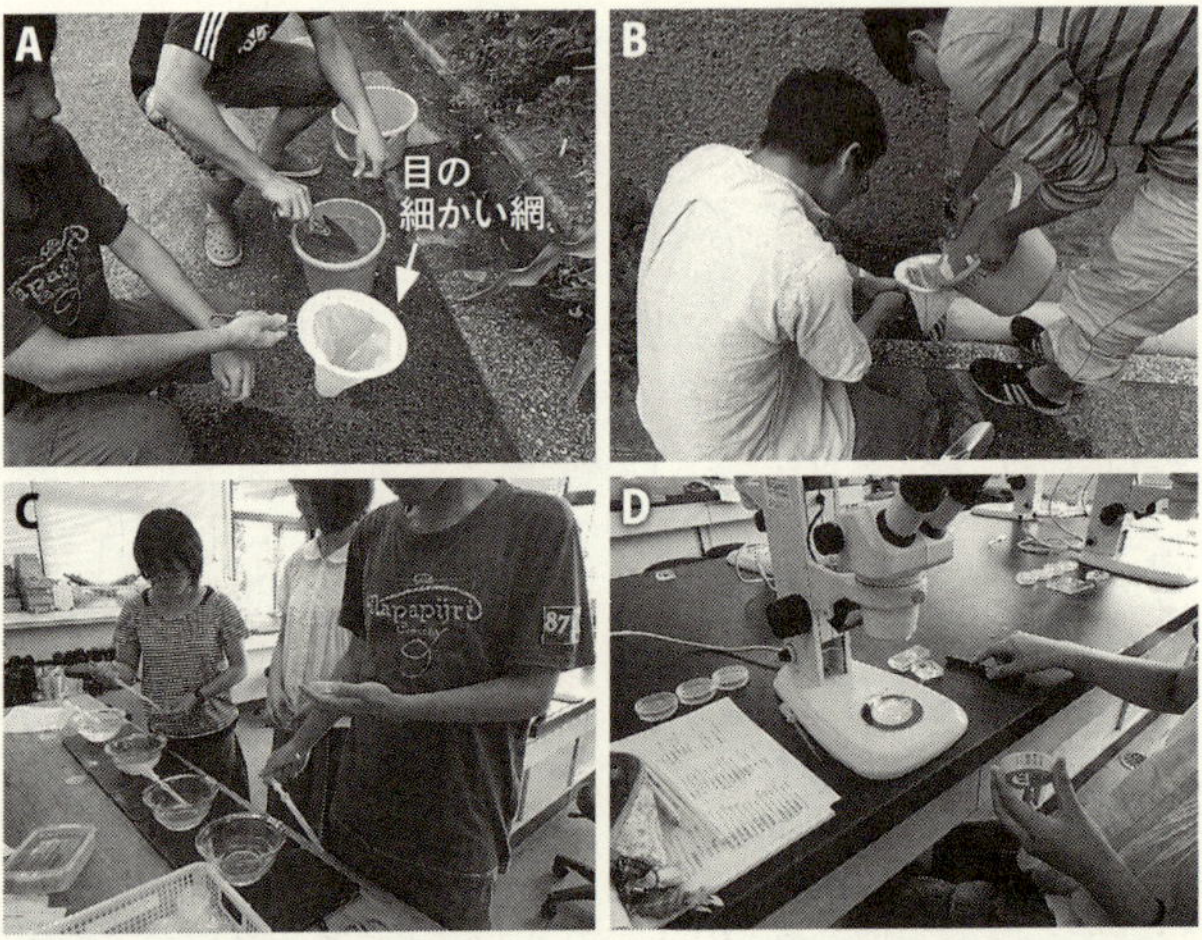


図2－17　メイオベントス採集の様子．A, 基質を淡水と一緒にかき混ぜる．B, しばらく待ち，上澄みを目の細かい網で受ける．C, 網で受けたサンプルを海水を張った容器に入れて，スポイトでシャーレに分ける．D, 実体顕微鏡で観察する．

業完了である（図2－17）。

　肉眼ではほとんど見えない生物を相手にするため、実際に採れているか不安に駆られると思うが、採取したサンプルをスポイトでシャーレに移して顕微鏡で観てみると、驚くほどたくさんの生物を確認することができるだろう。特に多いのがカイアシ類と呼ばれる甲殻類で、頭から伸びた触角を動かしながら、視界を縦横無尽に泳ぎ回る姿が見てとれよう。

　また、小さなゴカイの仲間や、先述した線虫などもたくさん見られるだろう。運がよければ、クマムシ（緩歩《かんぽ》動物門）や、キョクヒチュウ（動吻動物門）といった、このサイズでしか見られない動物門に出会うことができる（これらについては後述する）。

篩や顕微鏡などが必要となるが、一度このミクロ（メイオ）ワールドに広がる生物の多様性を目の当たりにすれば、地球の動物に対する知見は間違いなく広がるだろう。

## 沖合の生物を採集する

以上が磯における採集だが、やはり海といえば沖合、特に一部は「宇宙よりもアクセスが難しい」とも言われる深海域であろう。そこに暮らす動物の採集について紹介したい。

テクノロジーが発達したとはいえ、沖合の生物採集のためには、船に乗って実際にその場所まで行く必要がある。前述したように、海は海表面から海底に至るまで全てが生命圏で、おのおの異なる生態を持つ生物が存在する。例えば先ほどのベントスの他に、海の生物は「プランクトン」と「ネクトン」に分けることができる。

プランクトンとは、自らの力で波に逆らうことのできない遊泳力の乏しい生物群で、クラゲや多くの海藻類、微小な甲殻類等がこれにあたる。プランクトンを捕らえるためには、「プランクトンネット」を曳《ひ》くのが一番である。

これは、先ほどのメイオベントス用ネットほどの目の細かい網でできており、前方から後方に向かって細る、ちょうど生クリームをデコレーションするための絞り袋によく似た形をしている。常に前方が口を開けて曳網できるように紐が結ばれており、数分曳けばたくさんのプランクトンが後方の、絞り袋でいえばクリームが出てくる部分に集まる。

この部分はコック付きの金属の筒になっており、このコックをひねれば、筒に溜まったプランクトンが海水とともにザーッと流れ出てくる仕組みになっている（図2-18）。採集される生物もさまざまで、前述したカイアシ類や、ダイオウグソクムシの仲間の等脚類、浮遊性の貝類（クリオネもこの仲間）、クラゲやオタマボヤ類、そしてさまざまな海洋生物の幼生がごちゃっと一度に採れる、非常に効率的かつ簡便な採集方法である。

ほぼすべての種が全生活段階をプランクトンとして過ごすヤムシ（毛顎《もうがく》）動物門の採集はこの方法が最適である（図2-19）。例外的にイソヤムシという種は海藻にくっついて暮らすが、それは二次的にそのような生活を手に入れただけで、おそらくヤムシという動物の祖先は、もともと遊泳生活を送るものだったと思われる。

対してネクトンとは、自らの力で波に逆らって移動することのできる、遊泳力の高い生物のことである。魚類が多いが、海生哺乳類や大型の頭足類（イカ・タコなど）もこれに該当するだろう。

彼らを捕らえるためには、プランクトンネットよりもさらに巨大な、「中層トロール」などを曳く必要がある。これは、プランクトンネットよりもすこし目が粗く、頑丈な繊維でできたネットで、後方に特別な構造はなく、ただただ中層を遊泳するネクトンを採集するためのものである。もちろんプランクトンも採集されるため、小さなクラゲや遊泳性のエビなどを拝むこともできる（図2-20）。しかし、泳ぐ魚などを捕まえるために曳網速度は上がりがちで、混獲される脆《もろ》いプランクトンなどは傷ついていることも多い。

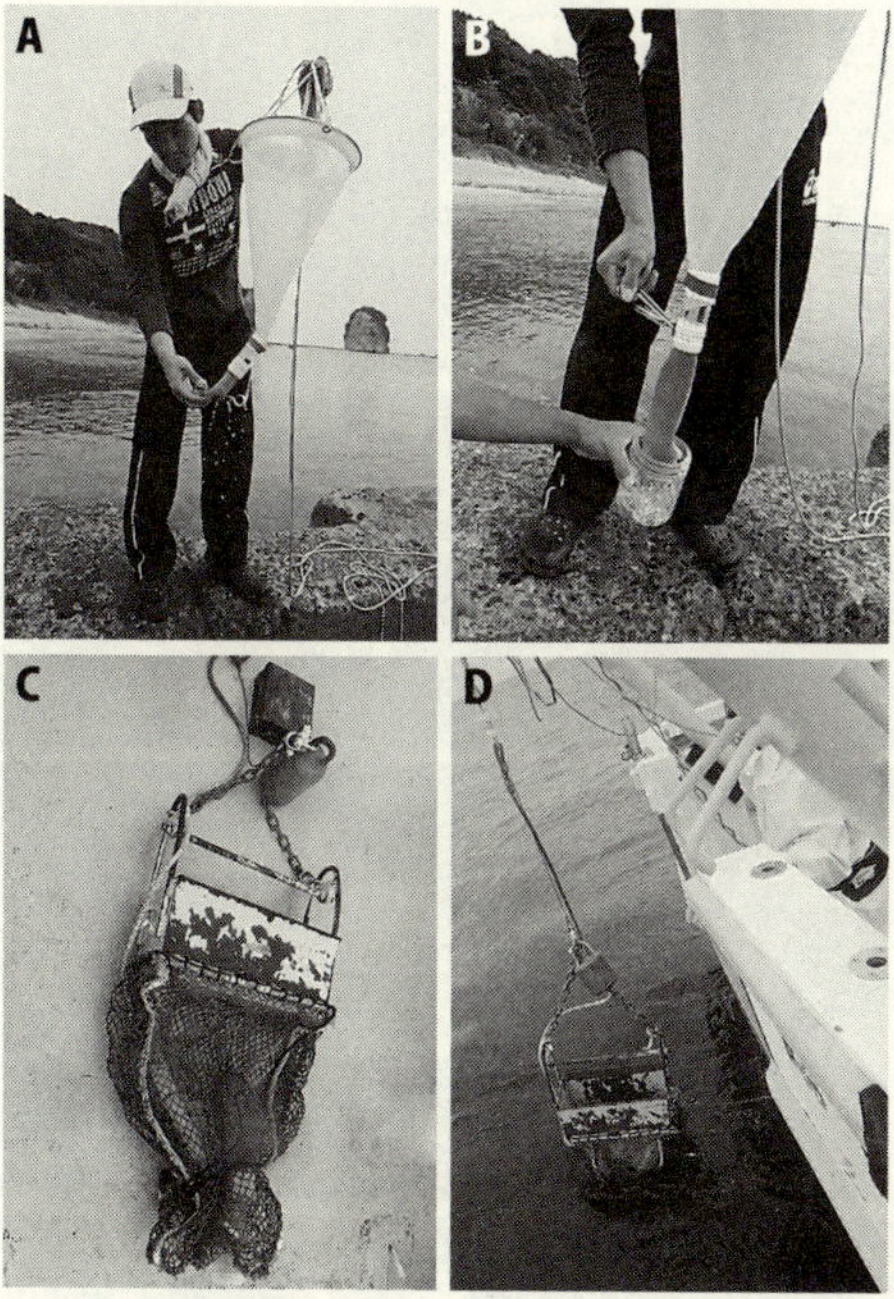


図2-18　プランクトンネット（上段）とドレッジ（下段）による採集の様子．A, プランクトンネットの外形．B, 末端部のコックを外し，プランクトンと海水をサンプル瓶に受ける様子．C, ドレッジの外形．D, 海底からかえってきたドレッジ．

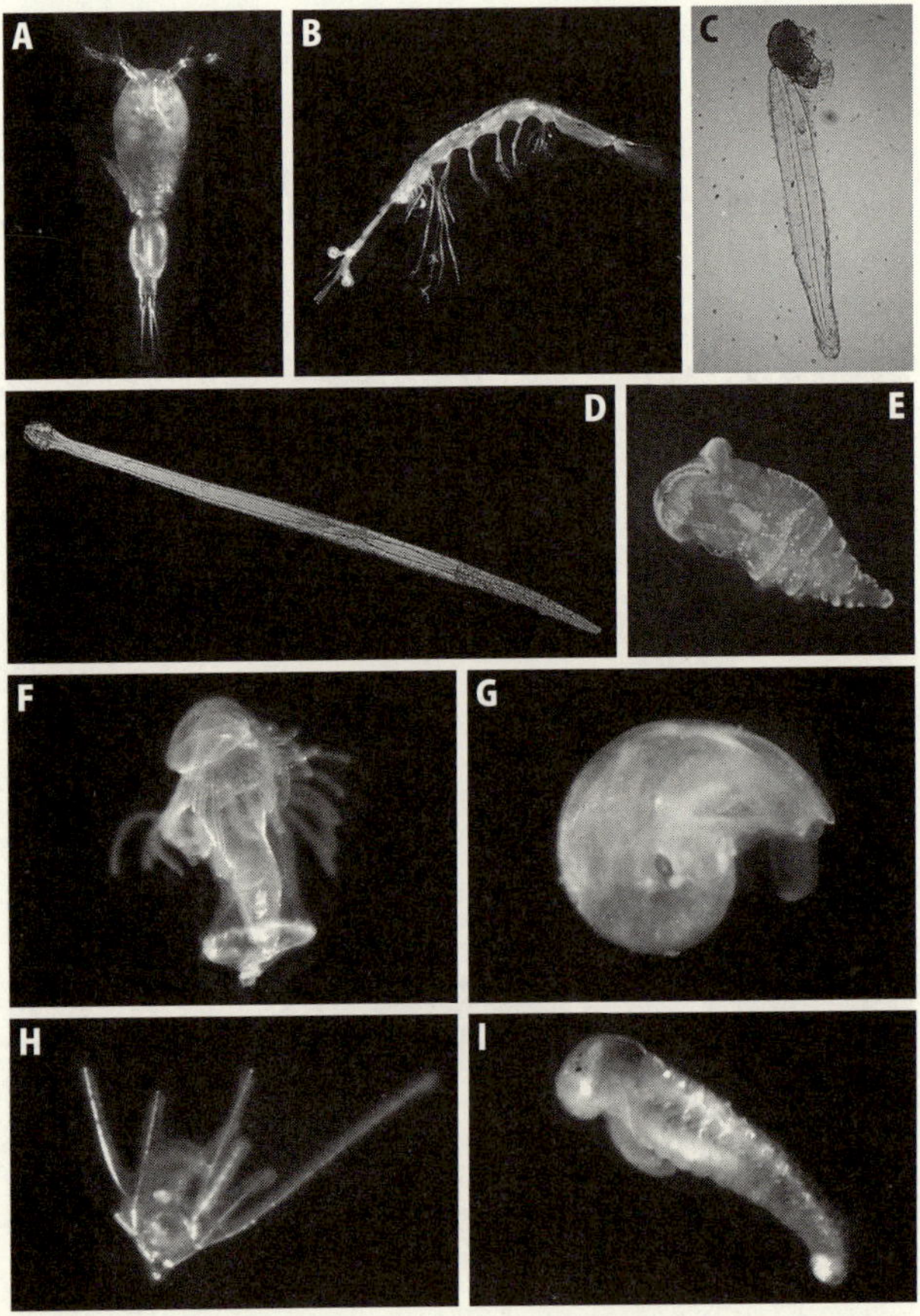


図2－19　プランクトンネットで採集される動物．A，カイアシ類（節足動物門甲殻類）．B，ユメエビ類（節足動物門十脚甲殻類）．C，オタマボヤ類（尾索動物門）．D，ヤムシ（毛顎動物門）の一種．E，ゴカイ（環形動物門多毛類）の幼生．F，ホウキムシ（箒虫動物門）のアクチノトロカ幼生．G，巻貝（軟体動物門腹足類）の幼生．H，クモヒトデ（棘皮動物門）のプルテウス幼生．I，ゴカイ（環形動物門多毛類）の幼生．Eよりもやや発生が進んでいる．写真撮影：幸塚久典（東京大学）．

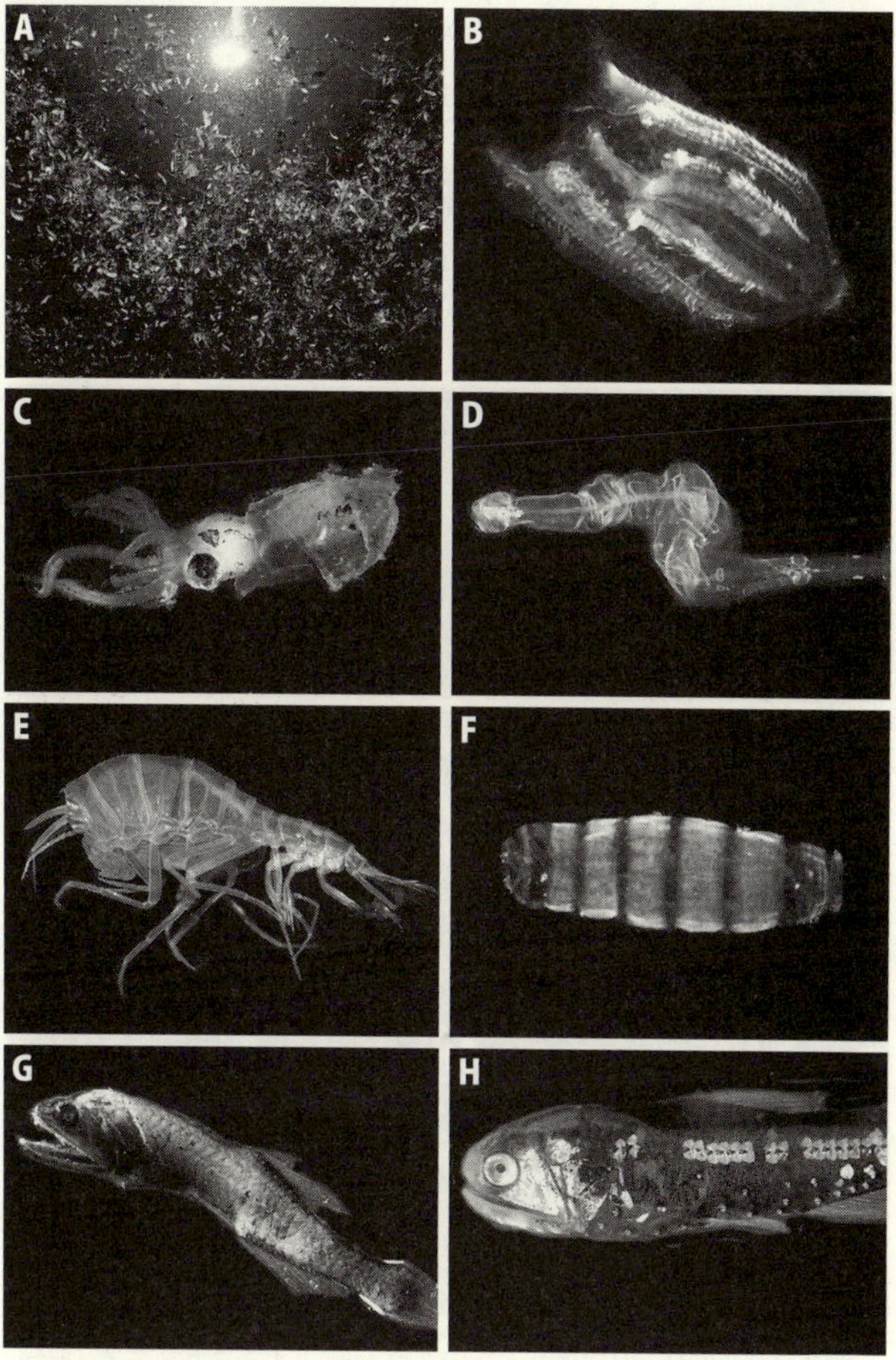


図2 - 20　中深層で採れる浮遊動物．A, 未分離の状態．B, クシクラゲ（有櫛動物門）の一種．C, イカ（軟体動物門頭足類）の一種．D, ヤムシ（毛顎動物門）．E, ランケオラ属のヨコエビ（節足動物門甲殻類）の一種．F, ウミタル（尾索動物門）の一種．G, オニハダカ属魚類（脊椎動物門）．H, ハダカイワシ属魚類（脊椎動物門）．写真撮影：幸塚久典（東京大学）．

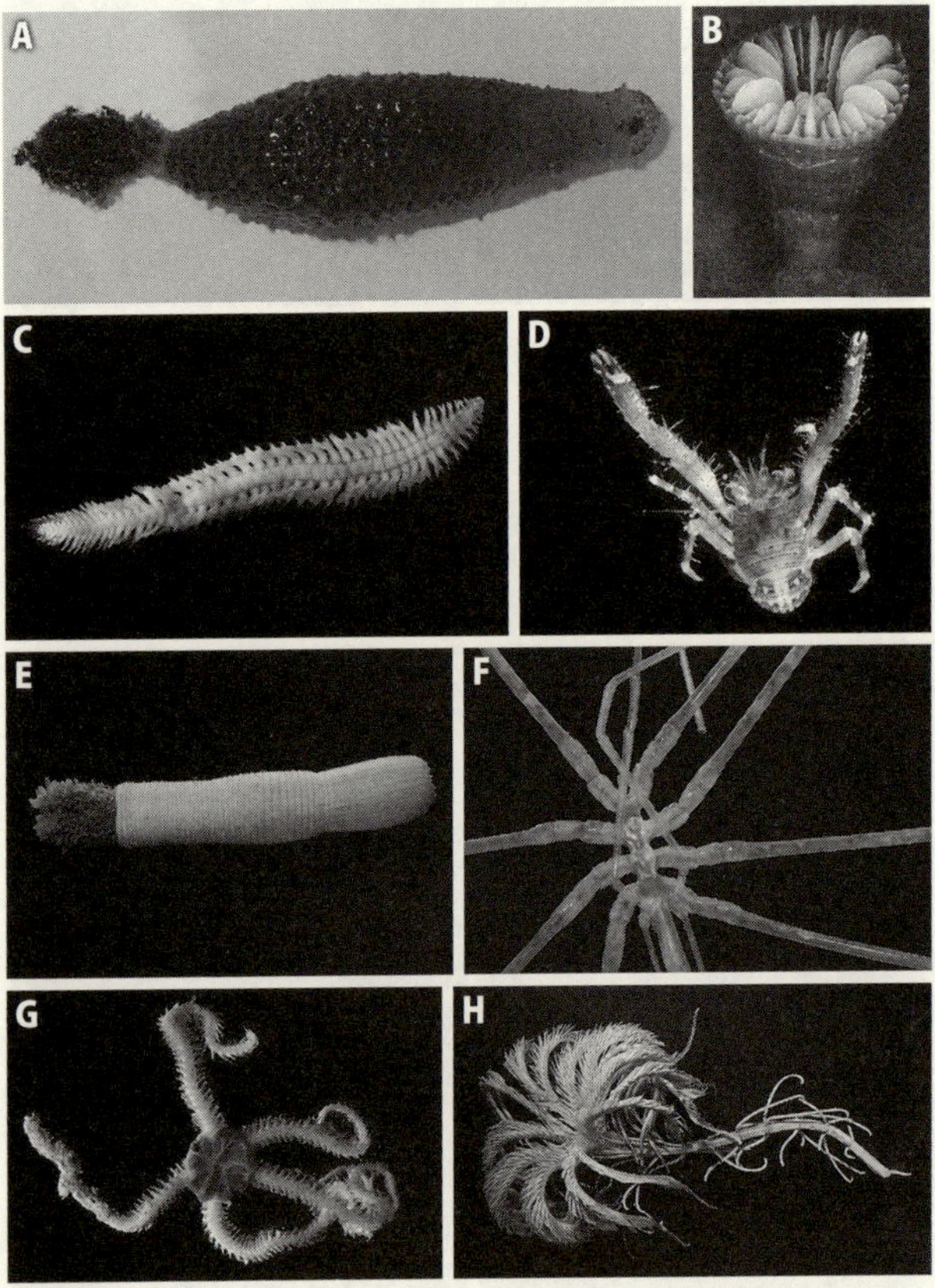


図2－21　ドレッジで採れる底生動物．A，カイロウドウケツ（海綿動物門ガラス海綿類）の一種．B，単体サンゴ（刺胞動物門六放サンゴ類）の一種．C，ゴカイ（環形動物門多毛類）の一種．D，コシオリエビ（節足動物門甲殻類十脚類異尾類）の一種．E，エラヒキムシ（鰓曳動物門）の一種．F，ウミグモ（節足動物門鋏角類）の一種．G，スナクモヒトデ科（棘皮動物門クモヒトデ類）の一種．H，ウミユリ（棘皮動物門ウミユリ類）の一種．写真撮影：幸塚久典（D，H）．

最後は「ベントス」である。形の多様性という意味ではやはりベントスは奇抜なものが多い。採集方法は、とにかくトロールやドレッジ（図2－18）と呼ばれる底曳き網を曳くことに尽きる。これらは、岩肌に多少なりとも引っかかることを想定しているため、網は頑丈で、前方は金属や硬い木の棒（これが「トロール」である）でできた枠で固められている。

この網をゆっくりと海底に落とし、しばらく曳いた後に、さらにゆっくりと引き上げるのである。海流の速い場所や、水深が深い場所では網が浮いてしまうため、空振りで帰ってくることもあるが、しっかり海底を「噛《か》んだ」ときには、驚異的な量の生物を船上に連れ帰ってくることだろう（図2－21）。

目に見えるものだけを対象にすればある程度制限されてしまうが、泥や砂が溜まるくらい目の細かい網もトロールとともに併曳し、メイオベントスの採集も試みて全ベントスが採集できれば、前述した、陸にしかいない二動物門と遊泳生活を送るヤムシ（時々採れるが）を除くほぼ全ての動物が、理論的には採集可能である（図2－21）。

### スキューバダイビング

さて、磯や深海域での調査でもさまざまなものが得られるが、近年になってから、ある採集法が新たな可能性として海洋生物学者の注目を集めている。それは「スキューバダイビング」である。

スキューバといえば、免許さえあれば誰しもが楽しめる夏のレジャースポーツの王道の一つで、今さらそれで新たな発見が得られるのか、と疑問に思う読者もいるかもしれない。

しかしよく考えてみてほしい。先述した底曳き網（ドレッジ）だが、せっかく船を出すのであれば、やはりなかなか人が到達できない深場に下ろしたくなるのが人の性《さが》である。実際、これまでの海洋生物学者は、水深にすると一〇〇メートル、浅くても五〇メートルくらいのところに網を下ろす傾向が多かったようで、昔の論文を読んでいても数十メートルなどといった中途半端な水深の採集例にはあまりお目にかかれない。また、特にサンゴ礁域ではそのような水深は岩肌などが露出しているため網がひっかかってしまい、物理的にも漁具を下ろしにくい環境が多い。

そのようなわけで、実は潮間帯（潮が引くと陸になる水深の領域）と、海面から水深五〇メートルまでの間はこれまであまり調査がされていなかった「見過ごされたエリア」であり、スキューバダイビングはそこにアクセスするための恰好のツールだということになる。

しかも自分の目で見ながら生物を採集できるので、その採集精度は底曳き網の比ではない。多くの研究者が自身でスキューバダイビングでの採集を行っており、さまざまな分類群で新種や珍種の発見が相次いでいる。詳しい話は次章に譲るが、ここではスキューバダイビングの実践について説明したい。

一般に、ダイビングを行う上ではスキューバ免許が必要となる。ネットで検索すればいくらでも出てくるが、免許はダイビングショップが開催する講習を受講すれば取得できる。沖縄などで二〜三泊し旅行気分で取得するツアー形式のものもあれば、首都圏から早朝に出発し、一日で講習自体を終えて、筆記試験などはネットで済ませてしまうものまでさまざまだ。ただし、ここで得られる免許はあくまでダイビング教育機関（PADIなど）が認定するものである。これがないとダイビングショップで空気ボンベが借りられないので、レジャーダイビングを楽しんだり、インストラクターになるためには必須かもしれないが、決して公的なものではない。

研究調査に必要な資格は多くの場合「潜水士」である。これは国家資格であり、全国の試験場で、年に数回行われる筆記試験に合格すれば取得することができる。大学の臨海実験所などの機関を通じてダイビングを行う場合は、ダイビングの免許に加えてこの潜水士の免許が必要とされることが多い。

このような過程を経て水のなかに潜れば、晴れて異世界に入場である。実際、スキューバダイビングで見られる景色は、日常ではまずお目にかかれないものばかりだ。何よりも、海底にいながらにして呼吸ができるという感覚と興奮は、経験した者にしかわかるまい。

図2－22　スキューバダイビングで見られる動物．A，ウミトサカ（刺胞動物門八放サンゴ類）の一種．B，テーブル状有藻性（いわゆる造礁性）サンゴ（刺胞動物門六放サンゴ類）．C，ヤギ（刺胞動物門八放サンゴ類）の一種のポリプ．D，コケムシ（外肛動物門）の一種．E，ボネリムシ（環形動物門ユムシ類）の一種の吻．F，ナガウニ類（棘皮動物門ウニ類）．G，イカリナマコ（棘皮動物門）の一種．H，ウミシダ（棘皮動物門）の一種．

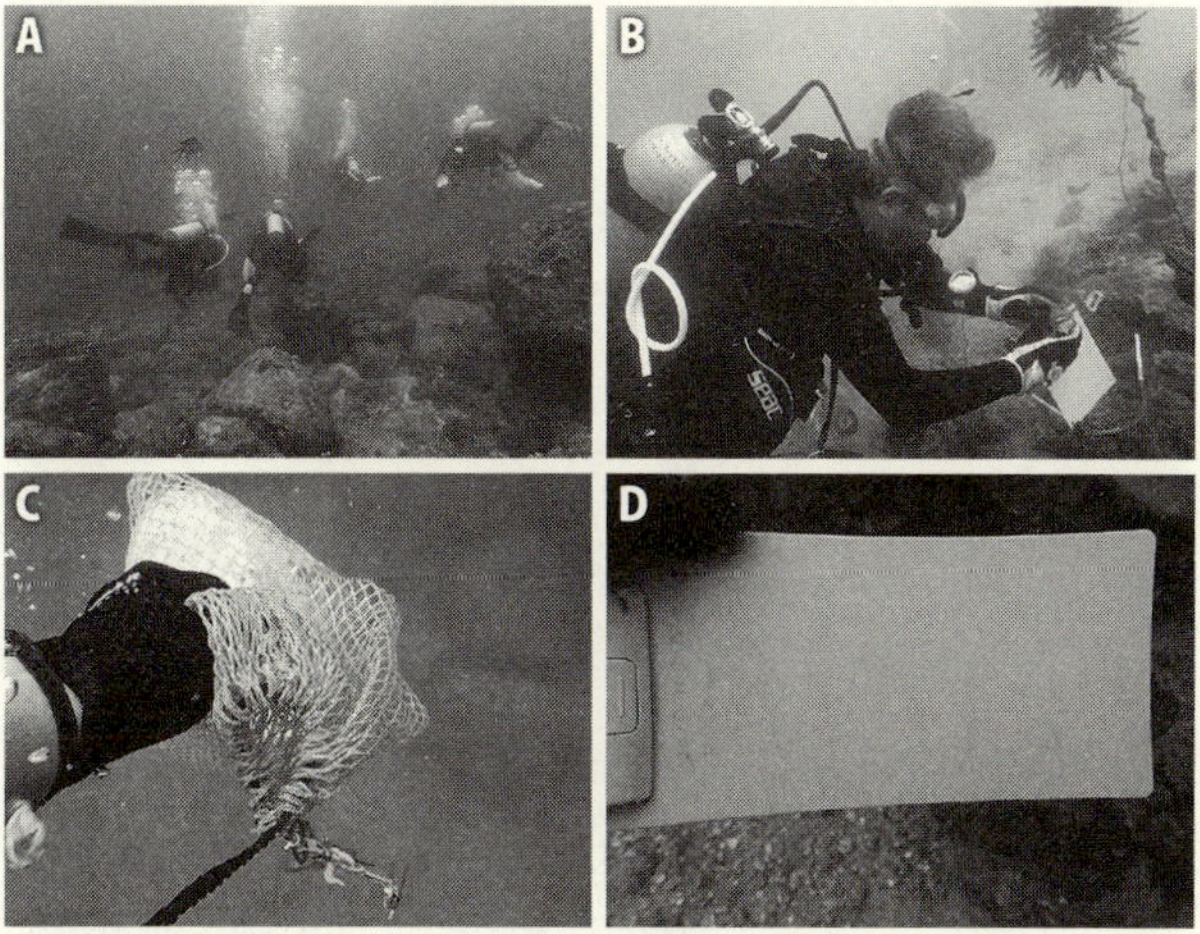


図2-23　スキューバダイビングの様子．A，潜水直後の様子．B，採集地点情報をメモする研究者．C，水中に持ち込む網．D，水中記録用クリップボード．

海は多様な動物の宝庫である。目に見える魚だけでなく、転石の下、岩の隙間など、磯では滅多に出会えない動物の生き生きとした姿を目の当たりにできる。ここでも小さな生き物などを一瞬で判別するための知識が必要にはなるが、底曳き網に負けず劣らず多様な生物を採集することができるだろう（図2-22）。

ターゲットとする生物ごとにいろいろな装備があるが、私の場合は、チャック付きポリ袋やポリスチレンの瓶などを網に入れて水中に潜り、クモヒトデなどの獲物をそのなかに入れて地上に持ち帰る。採集した環境の記録も必要だが、ダイビングコンピューター（耐水性があり、水深や潜水時間を表示してくれる時計型の機器）を参考に、鉛筆付きのクリップボードに、鉛筆で直接水深などの生息情報を書き込んでいる（図2-23）。

以上、さまざまな方法を紹介したが、実際には網一つとってもたくさんの種類があり、分類群ごとのさらに細かい採集方法の違いを述べていたらきりがないほどである。動物を採集する際に必要なのはとにかく経験である。動物を見る目を養うためには、ここに挙げた基本的な方法を出発点として、いろいろな工夫を凝らしながら動物と向き合うほかない。

## 4　最後に。安全とマナーには十分注意しよう

### 必ず採集の許可を得る

里山の奥地であろうが公園であろうが、人々が憩う渚《なぎさ》であろうが陸地から遠く離れた洋上であろうが、そこは皆が訪れ、自然と触れ合い、人によっては生活の拠点とする公共の場所であることを肝に銘じることである。採集調査を行う場合にはそのことをきちんと意識し、一般的な社会マナーを守った行動をとるように心がけたい。

公園を訪れる際には公園法や自治体の法・条例を厳守することに加え、それぞれの地域の山菜採りやキノコ狩りなどの時期には十分配慮しよう。また、車でフィールドを訪れる際には、その駐車スペースが地域住民や歩行者、対向車の迷惑にならないように気を配る必要がある。

また、化石採集などの際にはその地層の土地所有者や地域住民には必ず採集の許可を得ること。どんなによい露頭があっても、無断採取はトラブルの元である。準備に念を入れれば入れるほど、その風体は一般の自然観察者とは一線を画すことになる。ハンマーや網を携え、大きなリュックを背負った自分の姿が、地元の人に不安を与えかねないことには常に留意し

たい。

海においては、さらに厳重な注意が必要である。基本的に、日本において海は漁師のものである。そこに生息しているウニやアワビ、サザエなどの、市場価値のあるいわゆる水産重要種は、彼/彼女らの生活の糧であることを頭に入れておこう。場所にもよるが、こういった種の採集は一般的にはどんな場所でもNGである。地域によっては、モリをもって海に入るだけでアウトの場合もある。

日本は古くから海洋学が発展してきた歴史があるため、全国にきめ細かく臨海・水産実験所が配置されている(二〇二〇年三月現在で、国立大学理学系の臨海実験所は一九か所、二〇一六年五月の時点で、私立大学も含めた水産系の水産実験所は三六か所)。もし研究計画上、水産重要種を採集する必要がある場合は、このような実験所に相談するのがよいだろう。また、これらの種は生きたまま売られていることも多いので、正確なサンプリング場所はわからないかもしれないが、地元のスーパーや小売店で購入するのも一つの手である。場所によっては磯での採集活動自体が禁止のところもあるので、やはりそのような場所での採集には各地の臨海実験所を通す必要がある。

漁港で漁師が捨てた深海生物を採りたい場合は、必ずその網の持ち主の漁師に断りを入れること。朝の八時とか九時とかに行けば、大体漁師さんはその日の仕事をあらかた終えて、網の近くでゆっくりしていることが多い。挨拶《あいさつ》をして、少し雑談をしてからごみを見てよいか、話を切り出してみよう。通い詰めるとお土産をくれたりもする。いずれにせよ、海で採集を行う場合は、地元住民と漁師への最大限の配慮が必要である。

法律で規制されている陸上地域での調査については、登山道のコースを外れる場合は調査の許可を得る必要がある。また国立・国定公園特別保護地区と原生自然環境保全地域での採集を行う場合は、それなりの研究業績がある場合の研究目的でないと許可を得るのは難しい。地域や個人によって管理されている場所となると、「○○保全地区」などとして、地域の市民憲章によって採集が禁じられている場合がある。

現地ではじめて知るような特殊なルールもあったりして、他の場所では普通種となっている生物の採集が禁じられていることもある。実際のその生物の希少性は関係なく、「その地域におけるその生物の保護」自体が目的になっている場合もあるので、地元の人などに協力を仰ぐなどの配慮に努めたい。

付け加えると、過度な採集はご法度《はっと》である。いかに合法であっても、研究に必要な最低限の数・量の採集に留め、環境の保護への配慮を忘れてはならない（神奈川県立生命の星・地球博物館編、二〇一〇）。

## 安全に配慮しよう

以上を踏まえた上で、調査にあたっては安全を考慮し、準備を万全にした状態で臨むべきである。特に調査船に乗る場合は、とにかく安全に配慮しなくてはならない。船で扱う大型の網のフレームなどは非常に重い鉄塊である。これを動かすウィンチなどは油圧で動いているため、万が一その可動部に巻き込まれたりすると、腕など簡単に千切れてしまう。また、そのような採集器具を油圧で持ち上げ、移動させる際には、体の一部がその下敷きにならないよう注意が必要である。さらに、深海に下ろした漁具が海底で岩などに引っかかると、ロープにかかる張力は相当なものになる。こうなったときには船に異様な緊張感が走る。万が一その状態でロープが切れた場合、張力から一気に解放されたロープがすさまじい勢いで甲板《かんぱん》に飛んでくる可能性があるからだ。なんとか船の方向を変えて引っかかった漁具を外すなどの方法をとるが、それでも外れない場合は、自らロープを切るしかない。

船での調査は珍しい生物を採るためのまたとないチャンスであるが、同時に危険も伴うため、健康管理には十分に注意を払うなど、乗船者側でできる限りの安全には配慮しよう。なお、調査船による調査の様子は、拙著にも詳しくその様子を記してあるので、気になった方はそちらもご参照いただきたい（岡西、二〇一六）。

スキューバダイビングも紹介したが、一歩間違えると死につながる危険を伴っていることに十分留意し、バディを組むことはもちろん、調査予定地に詳しいガイドを頼み、自らも地形を把握し、当日の天候に注意しよう。まずは自分の安全を確保できてはじめて成り立つ野外調査であることを肝に銘じることである。

いかがだろうか。駆け足で採集の方法をお伝えしたが、次章からは、室内でのデスクワークの話が中心となるため、分類学の楽しみの肝ともなるフィールドワークを、ここでお伝えした次第である。文献の精査や緻密な形態観察、DNA解析の末に新しい分類群を見出したときの快感も捨てがたいが、やはり野外でとんでもない奇態な種を発見した瞬間こそ分類学の至高の快感を味わえる。

## *Column*　分類学は主観的？

時々、「分類学は主観的な側面が強いから、科学ではないのではないか？」という話を耳にする。その根拠は、「私がこう思うから新種」というような、その研究者の独断で種の分類が判断されているから、客観的ではないのではないか、という考えにあるようだ。

私はそうは思わない。そもそも、自然科学に完全な客観性はありうるのだろうか。どの自然科学者も、自然現象の一部を切り取り、それに対して自分の思う実験を行い、そのデータをもって議論をしている。ある実験をしたから、こうだった、という議論を行っていくわけだが、その「ある実験」を自ら選んでいる時点で、主観的だと言わざるをえないのではないか。

二〇一八年にノーベル医学・生理学賞を受賞した本庶佑《ほんじょたすく》・京大名誉教授は、『nature』や『Science』に出ているものの九割は嘘《うそ》で、一〇年経ったら残って一割」と語ったことで話題を集めた。

まず「嘘」というのは少し語弊のある表現だと思う。科学論文のなかに嘘はないはずである。結果は結果としてあり、それに対して議論を行うだけだ。その「議論が誤っていた」というのが本当で、科学者が嘘をつくことはない(捏造《ねつぞう》や剽窃《ひょうせつ》などは科学界の代表的な「嘘」だが、ここでの「嘘」とは全く異なる意味であることを断っておく)。

では、なぜ本庶氏は「嘘」と言ったのか。まず前提として、科学論文の筆者の主張は、あくまでも「仮説」であることに留意しなくてはならない。

ある実験結果から、それがいくら九九・九パーセント正しいと言えても、それを一〇〇パーセントと言い切ることはできない。論文に載せられた結果を基に主張されることは、あくまでも主張、仮説であって、厳密にいえば真実ではない。ある実験に基づく結果が発表されれば、当然他の研究者がそれを追究する、あるいは他の実験によって証明しようとする。その結果、過去の間違った解釈（これが本庶氏の言う「嘘」だろう）が修正され、より正しい解釈が加えられる。そのように（主観的な）研究成果を積み重ねて、人類は一つの真実に九九・九九九九九九……パーセントの精度で近づくのではないだろうか。そしてそれを客観性と呼ぶのだろう。

分類学にも全くそれと同じ論理が当てはまる。ある科学者が新種として名前を付けるのは、その分類群に、その名前を新しく与えるのが正しいという「仮説」である。しかしその後、新たな形態観察や、DNA解析などによって新しい名前は不要であったことが判明し、その学名が無効になるというのは、とてもよくある話である。

ところが研究者の少ない分類群では、私の研究するテヅルモヅルのように、一〇〇年前からあまり研究が進んでいなかったものだって存在する。小さな棘の一本二本の違いに基づいた種の分類が間違っている可能性が高いとしても、それを正す人がいないまま現在に至っているだけである。その場合、一〇〇年前のこのようないわゆる「古い分類」がいまだに行われているという点だけが切り取られれば、主観的と思われてしまうかもしれない。

もし分類学者がもっと多ければ、このような間違いはあっという間に直されているだろう。したがって、「分類が主観的」と思われる原因は、私が思うにただただ分類学者が少ないことに尽きる。それゆえに、全ての古い問題をいまだに解決できていないだけなのである。分類学は、仮説の検証を延々と続けている点において、他の学問分野となんら変わりはない。

# 第三章　分類学の花形、新種の発見

東京大学附属臨海実験所の日本海洋生物学百周年記念館．現在は老朽化につき取り壊されている．写真撮影：川端美千代（東京大学）．

「新種」と聞けば、誰しもが華々しい発見の軌跡を思い描くことだろう。しかし、実際には新種の発見にはさまざまな苦難がつきものである。独力ではなかなかたどり着けないような秘境の奥地で発見されることもあれば、実験室でのつぶさな観察や、DNA実験によって見出される新種、さらには歴史に埋もれてしまい、近年まで新種と気付かれなかった「超普通種」まで、十人十色の様相を見せる。本章では、本書のメインパートともいえる、新種の発見について、いくつかのエピソードを交えながら紹介をしていきたい。

## 1　深海は新種の宝庫——謎の生物テヅルモヅル

### テヅルモヅルとは

私の研究対象であるテヅルモヅルは、クモヒトデの仲間である。クモかヒトデか紛らわしい名前だが、クモヒトデとは、見た目は腕の細いヒトデのような動物である（図3－1）。しかしヒトデとは分類階級でいえば綱のレベルで分けられており、ヒトデの一グループというわけではない。

ヒトデとクモヒトデを見分けるポイントは、その腕の内部構造にある。星形の生き物をひっくり返して見てみると真ん中に口があるはずだが、そこから腕の中央に沿って、先端まで走る溝があればヒトデ、なければクモヒトデである（図3－2）。非常にシンプルだが、両者の進化にも関連する重要な違いである。

テヅルモヅルは、このクモヒトデの腕が、植物の枝のように何度も何度も分岐する動物である。口側を見てみると、分岐している腕の根元は、きちんと五本に収束しており、そこに溝はない（図3－3）。したがって、れっきとしたクモヒトデなのである。テヅルモヅルは、世界で約九〇種が知られており、そのうち現在の日本では二〇種が確認されている

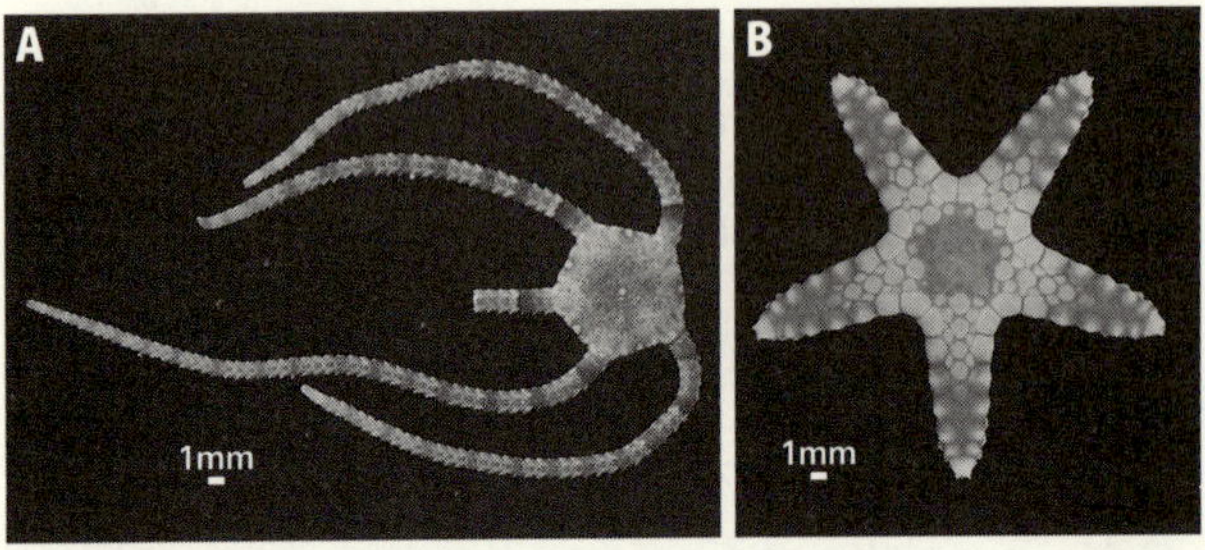


図3－1　クモヒトデ（A）とヒトデ（B）の反口側.

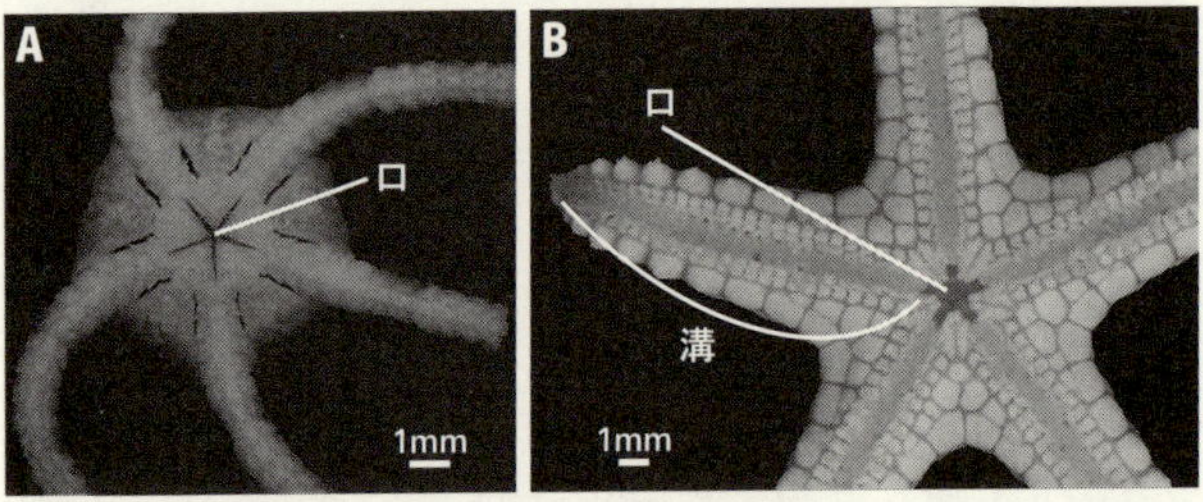


図3－2　クモヒトデ（A）とヒトデ（B）の口側.

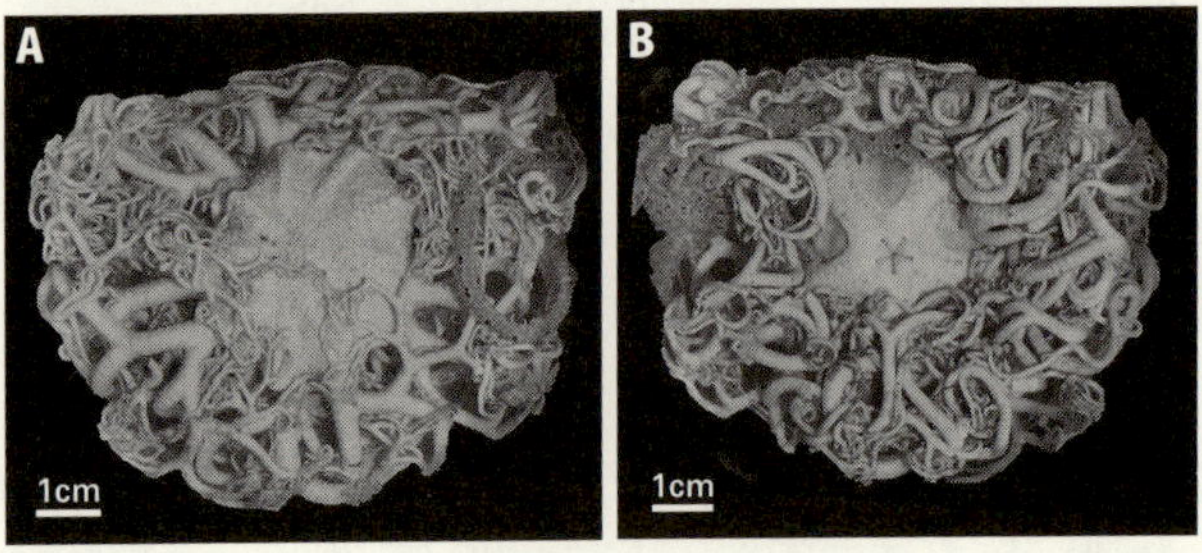


図3－3　テヅルモヅルの反口側（A）と口側（B）.

(Okanishi, 2016a)。大型の種が多く、腕を広げると一メートル以上に達する種も存在する(Baker, 1980; Okanishi, 2016b など)(図3-4)。

分類学的にはテヅルモヅルはツルクモヒトデ目に含まれるが、「テヅルモヅル＝ツルクモヒトデ」というわけではない。ツルクモヒトデ目には、腕の分岐しない普通の形をしたクモヒトデが含まれる。実はこの腕が分岐しないグループのほうが比較的種が多くサンプルが集まっていたため、当初私はこちらのほうの分類を行っていた。第一章で記した、私と藤田先生が新種として発表した《*Squamophis amamiensis*》(＝《*Asteroschema amamiense*》)は、腕が分岐しない種である。

図３－４　イボテヅルモヅルの水中での様子（神奈川県三浦市三崎町小網代湾）．写真撮影：幸塚久典（東京大学）．

テヅルモヅルはなかなか標本が得られない。私自身、三週間船に乗ってボウズということもあったほどで、今でも自分自身の手で採集したテヅルモヅルはあまり多くない。そのため、私は世界各地の博物館を渡り歩き、そこに保管された標本を

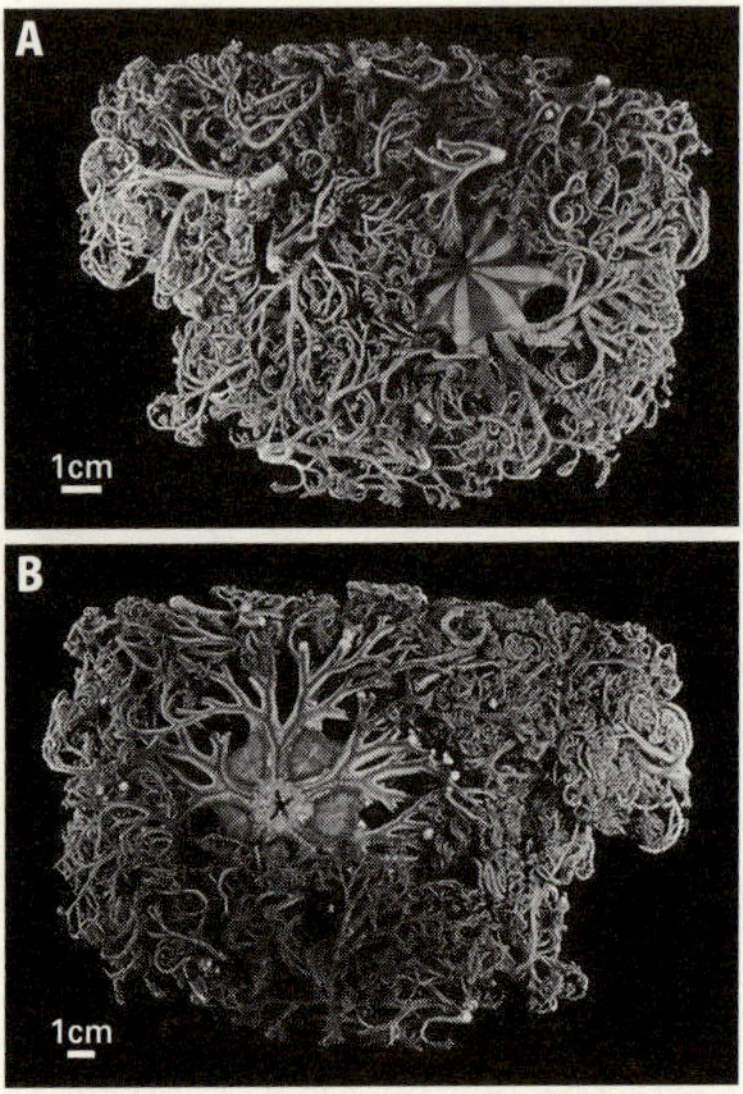


図３－５　トゲツルボソテヅルモヅルの口側（上）と反口側（下）．『Zootaxa』の許可を得てOkanishi & Fujita, Y.（2018）より転載．

基に研究を進めることが多かった（岡西、二〇一六）。しかし近年、数少ない採集標本のなかから、やっとこのテヅルモヅルの新種を発表する機会を得たので、ここでご紹介したい。

はじめてそのテヅルモヅルに出くわしたのは二〇〇九年、私が大学院の修士二年のときだった。当時、東京大学海洋研究所に所属していた松本亜沙子《まつもとあさこ》氏から提供してもらったものであった。実際に送られてきた岩手県大槌《おおつち》沖産の標本を見て、私は首を傾《かし》げた。

この頃にはツルクモヒトデの分類を始めて一年以上が経っており、ある程度の分類はできるようになっていた。しかし、目の前の標本は、特に派手な見た目というわけでもないのだが、どうにも私の脳内の分類データベースに引っかからないのだ。

その一年後に大槌で底曳き網調査をした際にも、この種が得られた。そしてこれらのDN

A解析を行ってみたところ、形態的に最も近いと思われる種とDNA配列が全く異なることが判明したのだ。

学位取得後はなかなかこの種の研究に取りかかれずにいたのだが、二〇一八年に、本種に《*Astrodendrum spinulosum*》（和名：トゲツルボソテヅルモヅル）と命名した論文を、動物分類学の国際誌『*Zootaxa*』にやっと発表することができた（図3-5）。*Astrodendrum* 属は世界で六種を含むが、《*Astrodendrum spinulosum*》は、体の表面に小さな棘の骨片を持つことから他種と区別できる。"*spinulosum*"は、棘がある、という意味のラテン語で、この形にちなんだものだ。

## 2　身近な秘境「海底洞窟」の洞窟性甲殻類

### 海底洞窟研究の盛り上がりと洞窟性種の発見

沖縄のような亜熱帯域では、死んだサンゴが積もってできた石灰岩地質の島が多い。石灰岩は炭酸カルシウムでできており、これは空気中の二酸化炭素を含んで酸性になった雨水に溶ける。したがって石灰岩質の場所では長い年月のなかで雨水に溶かされてできた鍾乳洞《しょうにゅうどう》が数多く見られる。これらが海面上昇によって海中に沈んだものが海底洞窟であり、もちろんその奥部は日の光が入らない暗黒環境となっている。

沈んで間もない洞窟の奥部はまだ地表とのつながりがあり、淡水の流入などの影響から塩分が低くなる「アンキアライン」と呼ばれる環境が形成されている。近年になってそこから希少な貝類や甲殻類が相次いで発見されている（藤田、二〇一九）。特に山奥にあるわけでもない、ボートで十数分で到達できてしまう身近な場所でありながら、卓越した潜水技術なしにはたどり着けない秘境である。

沖縄には、この海底洞窟環境に古くから着目し、継続的な調査を行っているチームがある。沖縄県立芸術大学准教授の藤田喜久《ふじたよしひさ》氏はその一人で、彼が調査に及んだ沖縄の海底洞窟から採集・発表された新種・希少種は枚挙にいとまがないほどである（Fujita & Naruse, 2011; Anker & Fujita, 2014; Fujita et al., 2017；藤田ら、二〇一七；Komai & Fujita, 2018; Saito & Fujita, 2018など）。そこで、近年海底洞窟で発見された甲殻類の新種をかいつまんで紹介したい。

甲殻類は、分類学的に言えば、節足動物門を構成する鋏角類《きょうかく》（ダニ、クモ、サソリ）、多足類（ヤスデ・ムカデなど）、六脚類（いわゆる昆虫類）と並ぶ一群である。近年のDNA解析の結果、昆虫と甲殻類は、見た目は似ていなくてもDNAレベルでは違いが明確でないことがわかりつつあるが（Schwentner et al., 2017など）、本書では便宜上、甲殻類と六脚類は別々の分類群として扱う。

我々になじみ深い甲殻類の多くは、真軟甲綱に含まれている。エビ・カニ・ヤドカリなどの十脚甲殻類や、最近深海生物として人気を博しているダイオウグソクムシなどの等脚類（ダンゴムシの仲間）である。これらは、胸部の脚の数が異なるため別のグループに分類されている。

これまでの海底洞窟調査ではこの真軟甲綱の類が多く採集されている。藤田氏らの研究チームは、二〇一六～一八年の海底洞窟調査ですでに八〇種以上の十脚甲殻類を記録している（藤田、二〇一九）。これらの全てが海底洞窟に特有な種ではなく、たまたま海底洞窟の近くに住んでいて迷い込んだものや、夜行性のものも多く含むという。しかし少数派ではありつつも、洞窟奥部の完全な暗所に適応した「真洞窟性」のものも記載されている。

例えばクラヤミテッポウエビ（《*Caligoneus cavernicola*》Komai & Fujita, 2018）は、二〇か所以上の洞窟で調査が行われたにもかかわらず、一か所の洞窟でしか存在が確認されていない。本種は頭の背面にある額角《がっかく》と呼ばれる角が大きく盛り上がることや、ハサミが細長く、左右で同じ大きさである点などから、近縁な属からも区別されるため、これに対して新属も設立されている（図3－6）。

またこの他、藤田氏らの調査によってモモイロドウクツガザミ（《*Atoportunus gustavi*》Ng & Tanaka, 2003）やクラヤミヒラオウギガニ（《*Neoliomera cerasinus*》Ng, 2002）などの、過去にグアム島やオーストラリアのクリスマス島から記載された真洞窟性種も記録されている。

これらの種は、眼が小さかったり、胸脚が細長いといったりする特徴を持ち、いずれも海底洞窟に暮らすために変化したと考えられるという。しかしこれほど生息域が限られている種が何百キロメートルも離れた海底洞窟に分布している理由はいまだに明らかにされていない。

いずれにせよ、海底洞窟の調査はまだ始まったばかりであるにもかかわらず、二〇一九年の時点で世界の海底洞窟種データベース（WoRCS: World Register of marine Cave Species）に記録されている一五八種のうち、日本産だけでもすでに八〇種以上を記録しているという事実

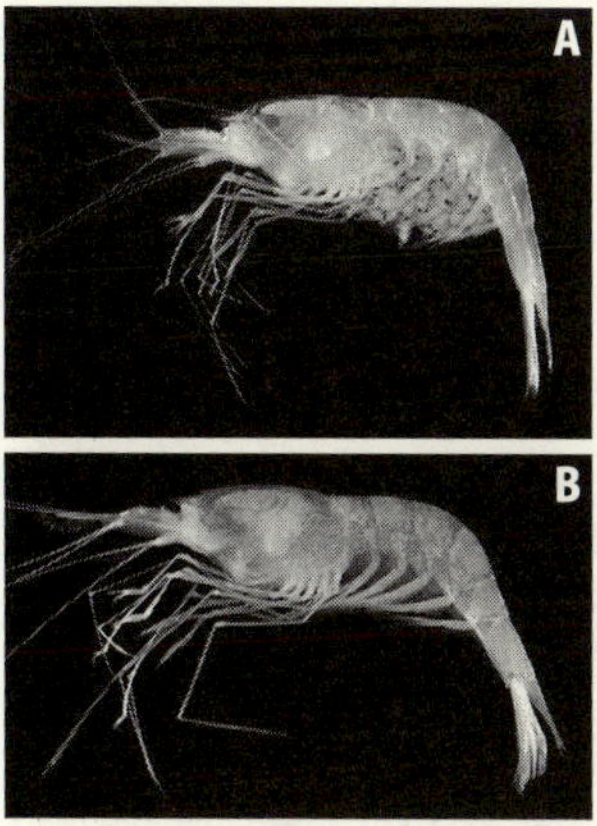


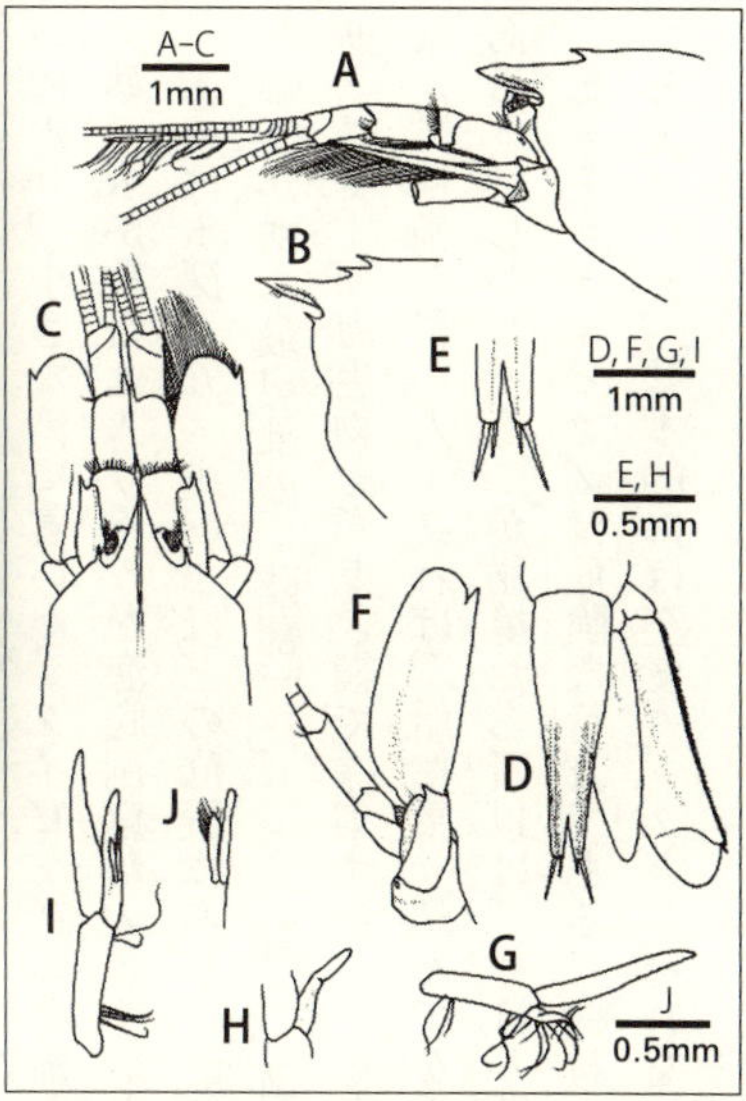


図3－6　クラヤミテッポウエビの記載図.『Zootaxa』の許可を得て Komai & Fujita（2018）より転載.

は、日本の海底洞窟研究の盛り上がりを顕著に示すものだろう。

　これらの洞窟性種は深海性種との関連が深いとされる説もある（Iriffe & Kornicker, 2009）。もしそれが真実であれば、深海よりもはるかにアクセスがよく（簡単ではないが）、かつ、底曳き網よりもよい状態で飼育に適したサンプルが得られる海底洞窟は、生物にとっても、そして我々生物学者にとってもまさしく「進化の実験場」として、今後の研究の発展が期待されるフィールドである。

## 海底洞窟に潜る

　藤田氏の元々の専門は甲殻類だが、

かつての研究対象のエビ・カニ類が棘皮動物であるウミシダ類、ヒトデ類、ナマコ類などに多く寄り添って暮らしているため、宿主である棘皮動物についての造詣《ぞうけい》も深い。ウミシダ類は、クモヒトデ類と同じ棘皮動物門に属しており、近しい動物の研究者同士ということで、私と藤田氏とは昔から面識があり、いくつかの沖縄のクモヒトデのサンプルの調査を行わせてもらっていた。その藤田氏から誘われ、沖縄の海底洞窟調査に参加する機会を得たのでここに紹介したい。

二〇一七年五月、沖縄県北端辺戸岬《へどみさき》の漁港で船に乗り込み、そこから一〇分ほど海岸沿いに走り、小さな湾に着いた。ダイビングの準備を整えていざ海に潜り、一〇分ほど泳ぐと、大型バスが数台は入りそうな海底洞窟が大きく口を開けて待ち構えているのが見えてくる。入口は水深一五メートルほどの位置にあり、そこから奥に行くほど水深は浅くなり、空気だまりがある最奥部の「陸部」にたどり着く（図3-7）。数十メートルの水深でのサンプリングや、深海生物を底曳き網で採集することを考えれば、アクセス自体はそれほど難しくない。準備の早い人であれば、船に乗り込んでから一時間足らずで海底洞窟にたどり着くであろう。しかし、そこが秘境たる所以《ゆえん》は、やはり暗黒であることだ。

そもそもダイビングは危険な行為である。機材には何重にも配慮された安全策が施されているとはいえ、基本的には空気タンクと、それをつなぐレギュレーターに命を預けるのであ

図３－７　海底洞窟（沖縄県辺戸）でのダイビングの様子．Ａ，船上で待機中．Ｂ，海底洞窟の入り口の外見．Ｃ，海底洞窟の入り口付近．Ｄ，海底洞窟内部から入り口を見た様子．Ｅ，海底洞窟奥部の様子．Ｆ，海底洞窟に張りめぐらされた導線用巻き尺．

る。もしこれらの機材に何かトラブルがあれば、それだけで命の危機に直面する。だからこそ調査の際にはライセンスと潜水経験が問われる。さらに狭い洞窟、しかも暗黒環境の洞窟に潜ることになるのである。

当時私はそれなりにダイビング経験があった。そしてその海底洞窟は事前に研究チームによって、導線用の巻き尺が至るところに張り巡らされており、今回はそれに加えてプロダイバー二名も雇い、安全対策に抜かりはなかったと言える。

それでも、である。いくら自分に言い聞かせても、やはり怖《こわ》いものは怖い。目の当たりにしたぽっかりと暗い洞窟の入り口は、私に本能的な畏怖《いふ》を与えた。他のメンバーに従い、入り口をくぐる。途端にあたりは薄暗くなる。さらに奥に一〇メートルも進んだところで急激に暗くなり、手元もよく見えないほどだ。

水中ライトをいつもよりおぼつかない手つきで点灯させてみると、あたりは普段の転石帯とは打って変わった無機質な岩肌の世界であった。胸の鼓動の高鳴りが頭に響くのがよくわかる。必死に周りのベテランダイバーたちについていく。

突然、視界がぼやけてしまう。まるで視界全体にモザイクがかかったようだ。呼吸が早まり、大丈夫だとわかっていても、何度も何度も残りの空気量を確認してしまう。そこで私は、無理にメンバーについていくのをいったん止めて、気持ちを落ち着けることにした。

動きを止め、静かに、大きく呼吸する。視界は悪いが、落ち着けば研究メンバーの呼吸音も聞こえる。目の前には調査チームが引いてくれた導線もある（図3－7）。もう大丈夫だ。私はゆっくりと導線を握り、最奥を目指した。少し進むと、急にまた視界がよくなり、再び岩肌が確認できるようになってきた。先ほどまでは、その表面にいくらか生物が付着していたが、今はほとんど確認できない。

これは後からわかったことだが、調査の直前に沖縄で大雨が降ったせいで、多量の淡水が洞窟の浅部に入り込んだらしい。淡水と海水が混じる部分では、その塩分の差から「もや」がかかったようになる。普通は時間が経てばこの状態は解消されるらしいが、雨量が多かったために、まだこのもやが残っていたということである。

水中ライトは明るく、少し狭いと言っても十分に泳ぐ隙間はある。また、洞窟内は潮の流れもゆるやかなため、体を安定させることに気を遣う必要もない。落ち着いてみると、海底洞窟も悪くない。

さらに奥へと進むと案外早く、海面が見えてきた。そこは、人がやっと立てるくらいの小さな空間だった。もちろん外には通じていない、本当の密閉空間である。洞窟の最深部でやっと愛しの空気と陸にありつけた……はずだった。しかし、むき出しの岩肌と空気が醸し出す静寂がやけに恐ろしく感じられ、早々に水のなかに戻ったことを覚えている。その後、その場所には二度と足を踏み入れていない。

そのときの調査では合計九回のダイブを行ったが、二回目以降は私も慣れて、生物採集に勤しむことができた。ちなみにこのときに採集された標本に基づき、近年クモヒトデの新種を記載した（Okanishi & Fujita, Y., 2018）。

このように、私の海底洞窟採集は良好な結果をもって終わったが、冒頭でも記したとおり、危険な場所であることは留意しなければならない。藤田氏によって安全への配慮が極限まで高められた上での調査であったが、逆に言えばそのような備えがない場合は、むやみな入洞は控えるべきである。

また、こうした希少な環境の保全には特別の配慮を払うべきである。海底洞窟は、地域の漁業者の重要な漁場でもあり、また、レジャーダイビングの潜水場所（ダイビングポイント）となっているところも少なくない。しかし頻繁な入洞によってスキューバの排気が洞窟天井に溜まったり、大量にライトの照射が行われたりすると、洞窟性生物に悪影響が及んでしまう懸念もある。実際、藤田氏はこれらの点を考慮し、海底洞窟における環境保全対策の必要性を主張している（藤田、二〇一九）。

## 3　砂の隙間に潜む小さきクマムシと動吻動物

わざわざ秘境に出かけなくても、そのあたりの砂浜で多様で珍しい生物に出会うことができる。それは前述した小さき者たち、メイオベントスである。もちろん新種も続々発見されている。ここではそのなかから、二つの動物をかいつまんでご紹介しよう。

### クマムシとは

「クマムシ」と耳にして、「最強生物」の単語を思い浮かべる人は少なくないだろう。氷点下数百度や極度乾燥、高熱や真空状態まで、生物にとってのあらゆる過酷な極限状態に耐えるスーパー生物。そんなイメージをお持ちの方は多いのではないだろうか。

分類学的には緩歩動物門の総称である。短いソーセージのようなずんぐりした体に、四対の附属肢を持つのが一つの特徴である。体の前方に小さな眼点（単細胞の動物や祖先的な動物などに見られる単純な光の知覚器官）を備えるものもおり、その佇《たたず》まいは、確かに悠然と歩く態を想像させる。私が見たことのあるクマムシは、いつもその小さな附属肢を必死に動かしながらコケなどの上を歩いており、非常に愛らしいものが多かった。せわしなく動いているようにも見えるが、「のろい歩み」（イタリア語の tardigrado が由来）という名前は、的確にこの動物を表していると私は思う（図3‐8）。

クマムシは、大きく「異クマムシ綱」と「真クマムシ綱」に分かれる。真クマムシ綱は身体が細長く、白っぽいものが多いのに対して、異クマムシ綱はずんぐりしており、体に装甲や突起などを持つ種類が多い（伊藤、二〇〇〇：堀川、二〇一五）（図3‐9）。これからご紹介する新種は異クマムシ綱である。

クマムシを研究する上での難点は、なんと言っても小さいことである。実際、コケのなかにもいるくらいなので、一ミリメートルを超えるとかなり大きいほうで、その二分の一、五〇〇マイクロメートルくらいが普通である。海産のものはさらに小さいらしく、最大でも四〇〇マイクロメートル程度である（伊藤、二〇〇〇）。

近年、青森市にある東北大学の浅虫《あさむし》海洋生物学教育研究センターの藤本心太《ふじもとしんた》氏がクマムシの新種を一〇種以上発見している。そのなかでも、二〇一三年に日本動物学会が発刊する国際誌である『Zoological Science』に記載したネオストゥガルクトゥス・ラブデラックス《*Neostygarctus lovedeluxe*》Fujimoto & Miyazaki, 2013 を取り上げたい。

このクマムシは、沖縄に数多ある海底洞窟のうち、宮古諸島の下地島《しもじしま》の南西部にある海底洞窟の入り口の堆積物のなかにいたものだそうだ（図3‐10）。それだけでも魅力的な動物だが、さらに形態にも注目すべきである。体の側面を毛状の構造が覆い、体の背面からはまた別の長い棘が生えている。四方八方にこれらの棘が伸びる様子は怒りに震えるゴルゴンのごとし。本種は、背中の棘の生え方から、他種より区別できる新種として記載されている。

ちなみに本属は、イタリアの海底洞窟から一九八二年に最初に記載された希少な属で、

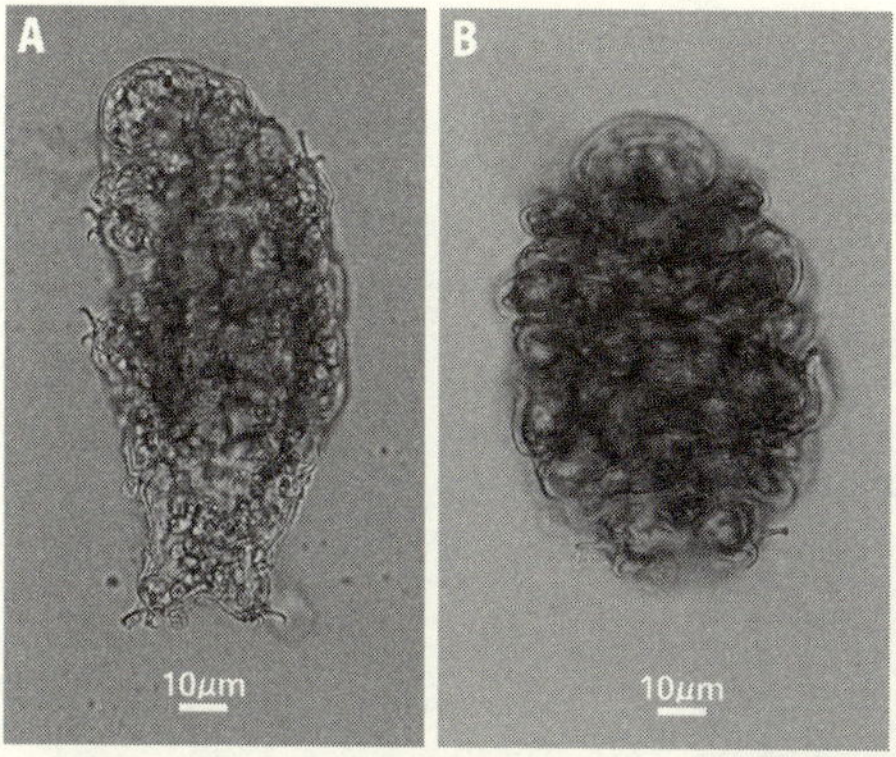


図3－8　真クマムシ類と思われるクマムシの一種の活動状態（A）と樽型状態（B）．写真撮影：藤本心太（東北大学）．

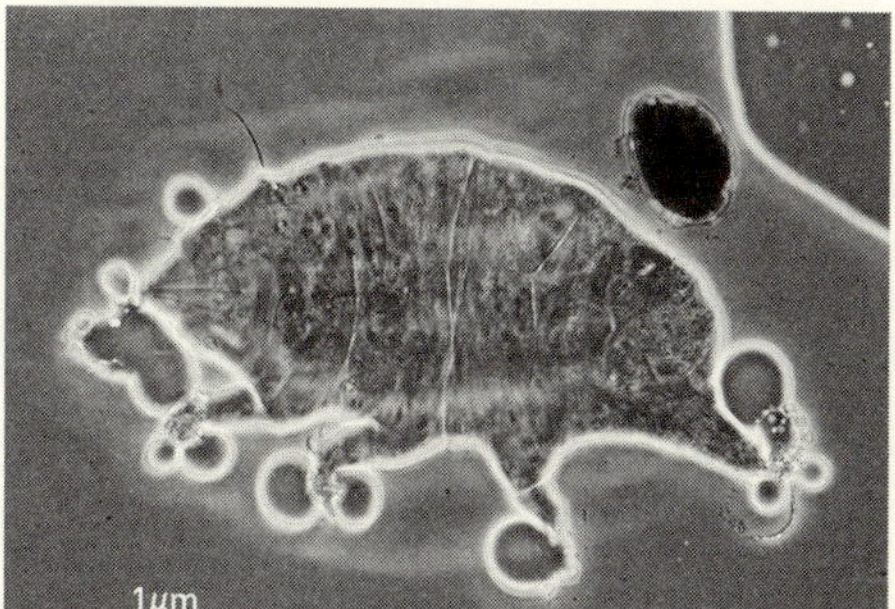


図3－9　装甲を持つ異クマムシ類の一種．写真撮影：藤本心太（東北大学）．

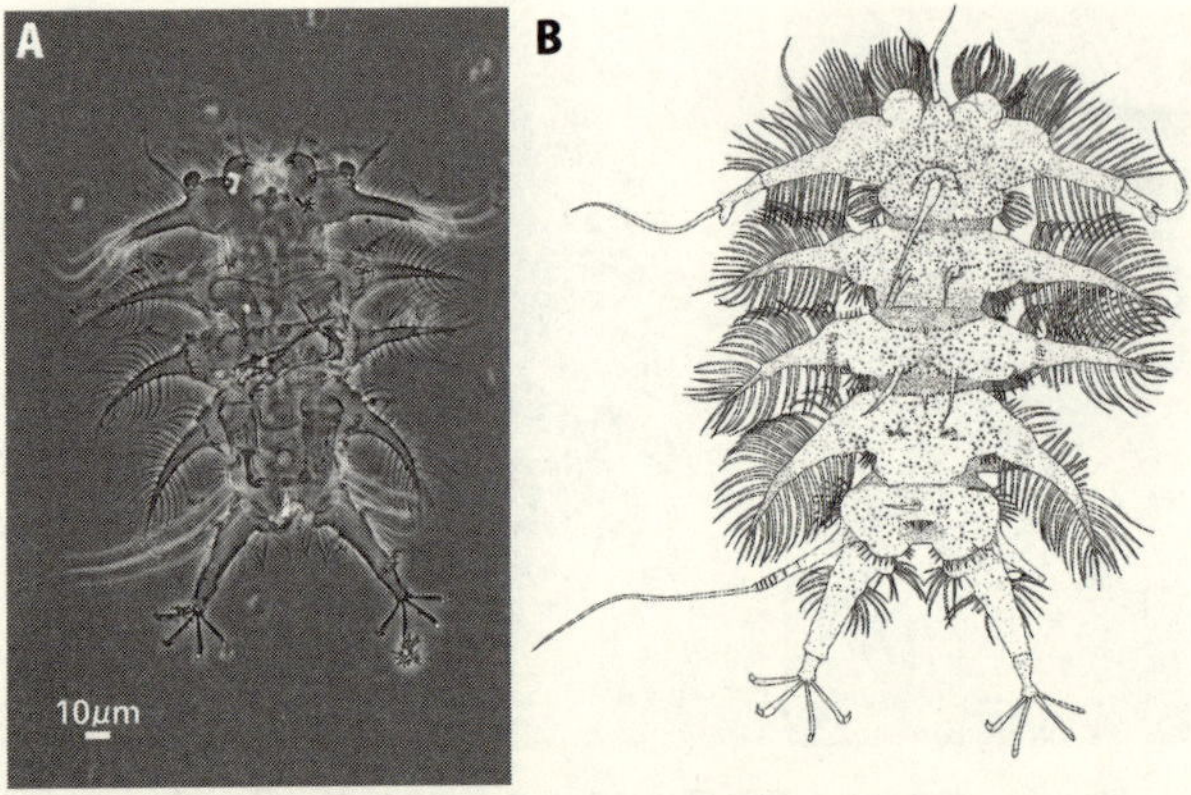


図3－10　《*Neostygarctus lovedeluxe*》Fujimoto & Miyazaki, 2013.　A, ホロタイプ（説明は後述）の写真．写真撮影：藤本心太（東北大学）．B, ホロタイプのスケッチ．『Zoological Science』より許可を得て Fujimoto & Miyazaki（2013）より転載．

*lovedeluxe* が二種目であり、その後二〇五、二〇一八年に各一種ずつ加わり、現在計四種しか知られていない。異クマムシ類のなかでもその奇妙な形態から、独立の科とする研究者と、チカクマムシ科の一属とする研究者で意見が割れている。分類学的にも興味深い分類群である。

このクマムシに関してもう一つ特筆すべきは、その命名である。本種の種小名の *lovedeluxe* は、荒木飛呂彦《あらきひろひこ》の漫画『ジョジョの奇妙な冒険』に登場する人物の持つ超常的な能力である「スタンド」の一つに由来している。スタンドとは、簡単に言えば登場人物の守護霊のような存在である。どのスタンドにちなんでいるかは、読者自身でこの論文とジョジョの奇妙な冒険を読んで確かめてほしい（Fujimoto & Miyazaki, 2013）。

### 動吻動物、キョクヒチュウとは

クマムシの次に紹介したいのが、クマムシに負けず劣らず小さきキョクヒチュウ、いわゆる「動吻動物門」である。「動吻動物はどんな動物ですか？」と尋ねられると、回答は難しい。おそらく、一般的に知られている生物のなかに、「動吻動物に似た生物」がいないからである。

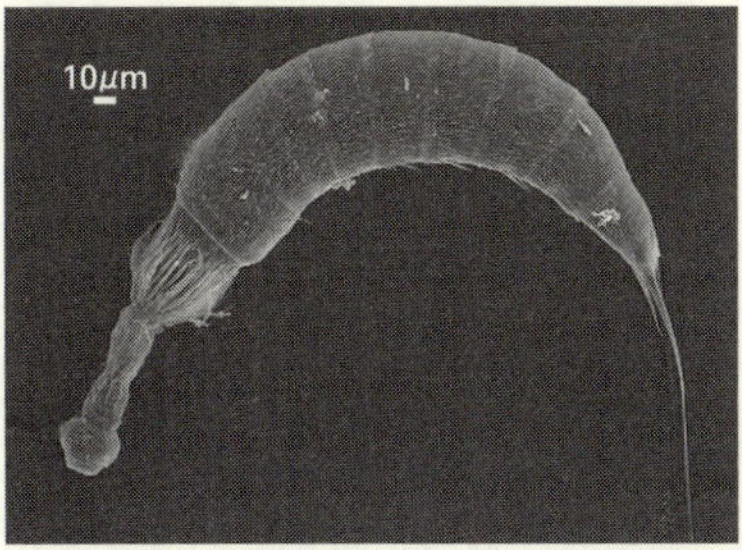

図3－11　トルコ産の動吻動物（《*Echinoderes gerardi*》Higgins, 1978）.
写真撮影：山崎博史（九州大学）.

そういう意味では、動吻動物は、真にレアな動物と言えるかもしれない。動吻動物を理解していただくには、まずは画像を見ていただくのが一番であろう。動吻動物とは、体節を持つ円筒状の生き物で、体の前方に、多数の棘で覆われた出し入れ可能な吻《ふん》（一般に動物の口あるいはその周辺から突出した構造）があり、体の後端に一対の棘がある、というのが一般的な体制である（図3－11）。

体節の多くはクチクラ性（クチクラについては第二章1

節を参照）の板に覆われるが、機能分化する肢をもたない点で、節足動物には似ていない。そこで、せっかくなのでこの機会に、「動吻動物」という新しい動物を頭に入れてもらうのが一番だと思う。

さてこの動吻動物だが、地上には生息しないものの、生息場所はクマムシにかなり近く、水中の砂などの堆積物中が彼らの主な住処《すみか》である。クマムシと同様に、堆積物のなかの上澄みをとり、顕微鏡で覗くと、それなりの確率でこの生物が採れる。東京大学三崎臨海実験所のすぐ下の荒井浜《あらいはま》は、夏には人でごった返す美しい観光地であるが、その波打ち際の砂からでも、クマムシや動吻動物は採集できる。

実は動吻動物は、近年研究者が増えてきているらしく、ホットな分類群であり、新種の記載が次々に報じられている。ここでは、最近ベトナムから採集された新種をご紹介したい。記載したのは日本人である。

南北に長いベトナムの、下から三分の一程度のあたりの海岸部に位置するニャチャン（Nha Trang）は、ビーチが美しい観光リゾート地だ。当時琉球大学に所属していた山崎博史《やまさきひろし》氏はそのニャチャンの南東部に浮かぶホンミエウ（Hon Mieu）島近くの水深一〇メートルの砂泥底から、二種のトゲカワムシ属（*Echinoderes*）の新種を発見している。

一種は《*Echinoderes regina*》（和名：ジョオウトゲカワ）で、種小名の ***regina*** は「女王」と

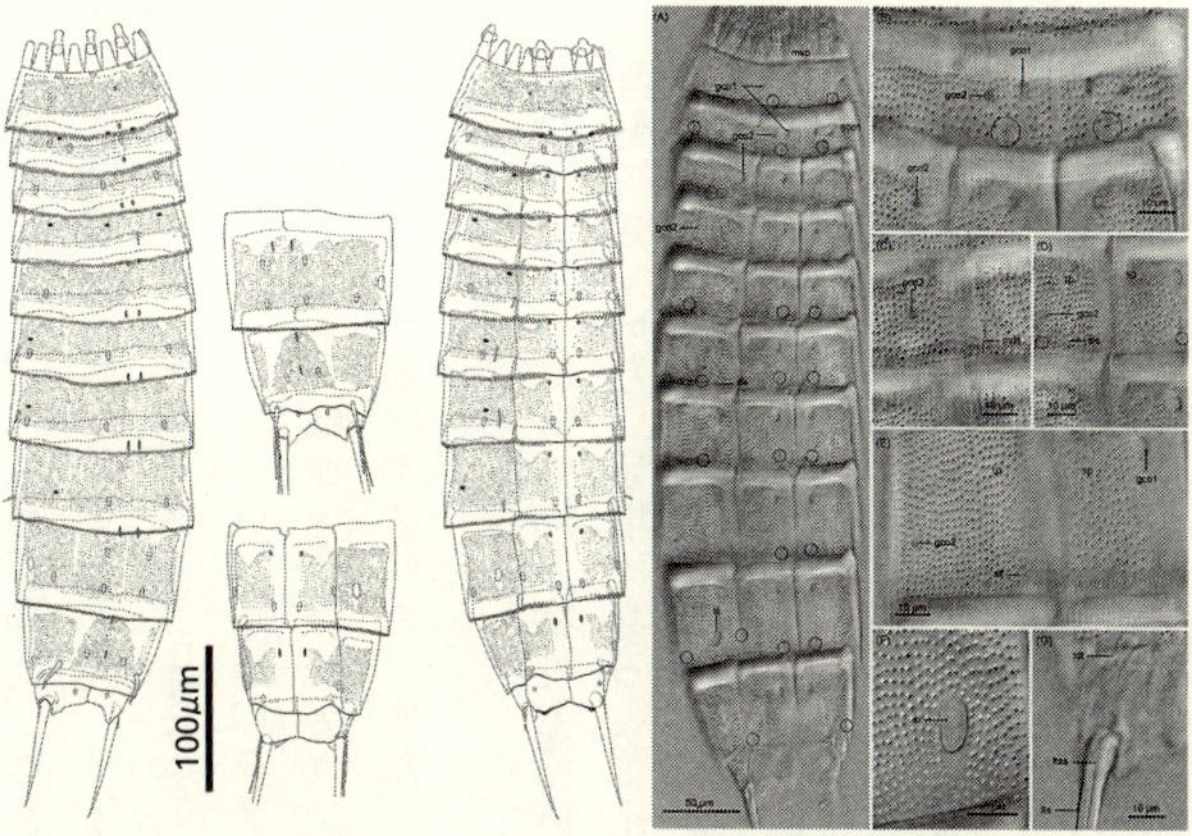


図3－12　《*Echinoderes regina*》の記載図.『Zoological Studies』に許可を得てYamasaki（2016）より転載.

いう意味のラテン語で、〇・五ミリメートルに達する巨大な（トゲカワムシ属のなかでは）胴部を持つことが、同じ属の《*Echinoderes rex*》（*rex*は「王」の意味）に似ることに由来している。

　ジョオウトゲカワは以下の特徴によって同属他種から区別される（図3－12）。背面中央の体節に“acicular spine”（英語で「尖った針」の意味で、学術的には単に「棘」と訳す）と呼ばれる針棘が生じること、側面腹側の体節に“tubule”（英語で「管」の意味）と呼ばれる短いチューブ状の構造と“sieve plate”（英語で「篩板」の意味）と呼ばれる楕円形の小さな板を持つこと、“pectinate fringe”（英語で「櫛《くし》状の縁」の意味で、学術的には「櫛状縁」と訳す）と呼ばれる櫛状の装飾の形状、体後端の"lateral terminal spine"（英語で「側面末端の棘」の意味で、学術的には「側端棘」と訳す）と呼ばれる針の長さである。

もう一種は《*Echinoderes serratulus*》（和名：ノコギリトゲカワ）で、種小名の"*serratulus*"は「のこぎり状の」という意味のラテン語で、櫛状縁が非常に発達していることにちなむ。ノコギリトゲカワはジョオウトゲカワに似るが、管の位置、櫛状縁の構造の大きさと向き、といった特徴から区別される。またこの研究は、ベトナム初の動吻動物の新種の記載となった（Yamasaki, 2016）。

他のメイオベントスの多様性も考慮すると、普段何気なく歩いている砂浜すら、我々は何も理解できていない秘境であると言えるだろう。なお、ここで紹介した二人のクマムシ・動吻動物研究者は二〇一八年に、日本動物分類学会の発行する国際誌に、同時にクマムシと動吻動物の新種を発表している（Yamasaki & Durucan, 2018; Fujimoto, 2018）。

### *Column*　よくある命名、神様の名前を付ける——学名のはなし③

私の研究するテヅルモヅル類から*Euryale*属、*Gorgonocephalus*属、*Sthenocephalus*属を挙げたい。神話に詳しい方はお気づきかもしれないが、これは、ギリシャ神話に登場するゴルゴン三姉妹に由来する。

　ゴルゴン三姉妹とは、神話の種類によりその由来はさまざまだが、一説によれば髪の毛の代わりに生きた蛇《へび》が生え、顔を見たものを石化させる怪物であったという（歴史雑学探究倶楽部編、二〇一〇）。三姉妹はそれぞれステンノー（Stheno）、ユウリヤレ（Euryale）、メデューサ（Medusa）といい、*Gorgonocephalus* と *Sthenocephalus* はそれぞれ、ギリシャ語に由来し「頭」を意味する **"cephale"** と姉妹の名前の合成語である（図3－13）。直訳すれば「ゴルゴンの（ステンノーの）頭」となり、彼女らが冠する蛇が動き回るさまに、テヅルモヅルが腕を動かすさまをなぞらえたものだろう。

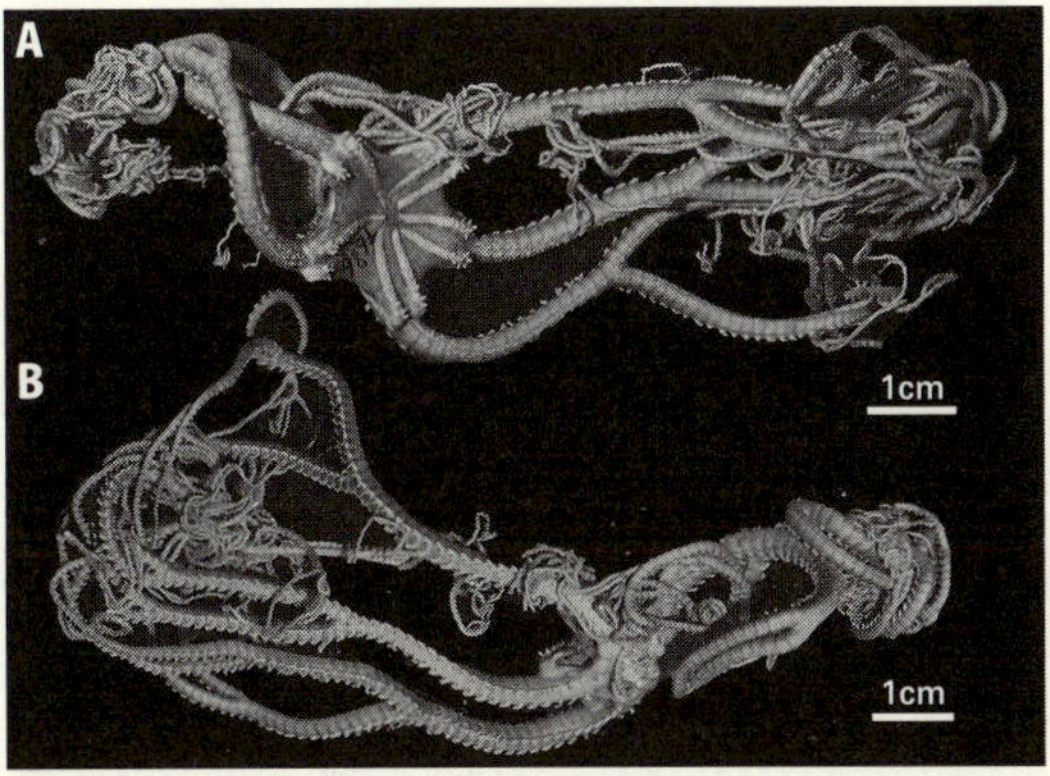


図3－13　《*Sthenocephalus indicus*》. A, 反口側の画像. B, 口側の画像. 『Zootaxa』に許可を得て，Baker et al. (2018) より転載.

　*Euryale* はもうそのままだ。メデューサだけ、属名にはなっていないものの、

《*Gorgonocephalus caputmedusae*》（Linnaeus, 1758）という種の種小名の一部を担っている。"caput"はラテン語の「頭」という意味なので、これもまた「メデューサの頭」という意味となろう。

このように、神様などにちなんだ命名はさまざまな動物で行われているので、神話や歴史好きの方は、動物の学名に神様や歴史上の偉人が潜んでいないか、探してみてもよいかもしれない。

こうして単語を分解して意味がわかってくると、少しはなじみが出てくるものかもしれないが、《*Gorgonocephalus caputmedusae*》はなかなか長い種名で（二七文字）、まず覚えるのに一苦労であるのだが、世のなかにはこれよりも長い名前はたくさんある。

## 4　「コスモポリタン」は一種ではない？

### 生物学的種概念

ここまでは、採集方法や体サイズ、あるいは分布などといった理由で、なかなか人の目に触れない、いわゆるレアな動物を紹介してきた。次は、もっと幅広く、世界中に分布する「汎世界種」に潜む新種をご紹介したいと思う。

世界中に生息しているのに新種とはどういうことか。これを説明するためには、分類学と進化学の基本にまた少し立ち返る必要がある。分類学では、生物の全ての特徴を「形質」として認識し、それぞれの分類群を区別するために用いる。

通常、生物の形質として用いられるのはやはり形態である。甲殻類であれば附属肢、クモヒトデであれば口や体を覆う骨片など、形態は我々が最も認識しやすい形質と言えよう。形態による分類が進んでいる分類群では、形態以外の形質も分類に用いられる。例えば植物では花の発する匂い、鳥類では鳴き声がその種を分類するための形質になっているという。

しかし近年、DNA解析が一般的になってきてからは、DNA配列の違いを「形質」にすることも可能になってきた。これにより、外見には一切違いが見られないのに、DNAの配列には違いが見られるという報告例が挙がってきた。このような、DNA配列からすると別種にせざるをえないものは「隠蔽種《いんぺいしゅ》」と呼ばれる。なぜ、このようにDNAの配列だけが違う、ということが起こるのだろうか。

これを説明するには「種の定義（種の概念ともいう）」を考えなくてはならない。現状で最も広範に受け入れられている種の概念はエルンスト・マイヤー（Ernst Mayr）による「生物学的種概念」で、これは「種とは、実際に交配しているか、それともその能力を持った自然集団のグループで、そのような他のグループからは生殖的に隔離されている」というものである。つまり、同種の個体間（雌雄同体《しゆう》などの明確に雌雄が決まっていない種も存在する）の間で子供を作ることができる、もしくは分裂などによって一個体からでも子孫を作ることができ、その子供が子孫を繁栄させていける集団の範囲が種、というわけである。

例えば我々ヒトの場合、国際結婚をしてもお互いに子供を作ることができる。その子供も子をなすことができるので、同じ種である。「人種」という言葉はあるが、生物学的な種を表しているわけではない。犬も同じで、さまざまな犬種はあるが、基本的には柴犬であろうがチャウチャウであろうがお互いに子孫を残すことができる。犬の場合は犬種（これも生物学的種ではない）ごとに形が非常に異なるのでちょっと受け入れがたいかもしれないが、全て同種とみなすことができる。

ロバと馬は、繁殖して「ラバ」という子供を作る。ラバは親に比べて頑強だが、子供を残すことができない（不稔《ふねん》という）ので、ロバと馬は別種、ということになる。

ちなみに、元々は同種だが、地理的に離れているためお互いに交配できず、それぞれの地域に作られている集団のことを「亜種」といい、後述する動物命名規約でも分類群として認められている。

この生物学的種概念に対してはさまざまな反証があったため、その都度、各反例に対する種の概念が作られ、その後提唱された種の概念は二〇を超えるという（朝倉、二〇〇八）。しかしそれでも、生物学的種概念はわかりやすく、例えば交配実験によってある程度検証も可能であったため、現在でも標準的な種の概念として用いられることが多い。

では生物学的種概念に基づいた場合、生物の種はどのように生まれえるのか。基本的には、集団が分かれることがその始まりであるとされている。地理的障壁の形成などによってある種の個体が集まった集団が分断された場合、各集団はゆっくりと時間をかけてその性質を変化させていく（この途中の段階が「亜種」であろう）。そして、もし再び地理的障壁が取り除かれ、また二つの集団が混ざり合っても、もうこれらは互いに交配不能な状態にあれば、これらは別種になったというプロセスを仮定するである。これを（この場合は異所的）種分化と呼ぶ。

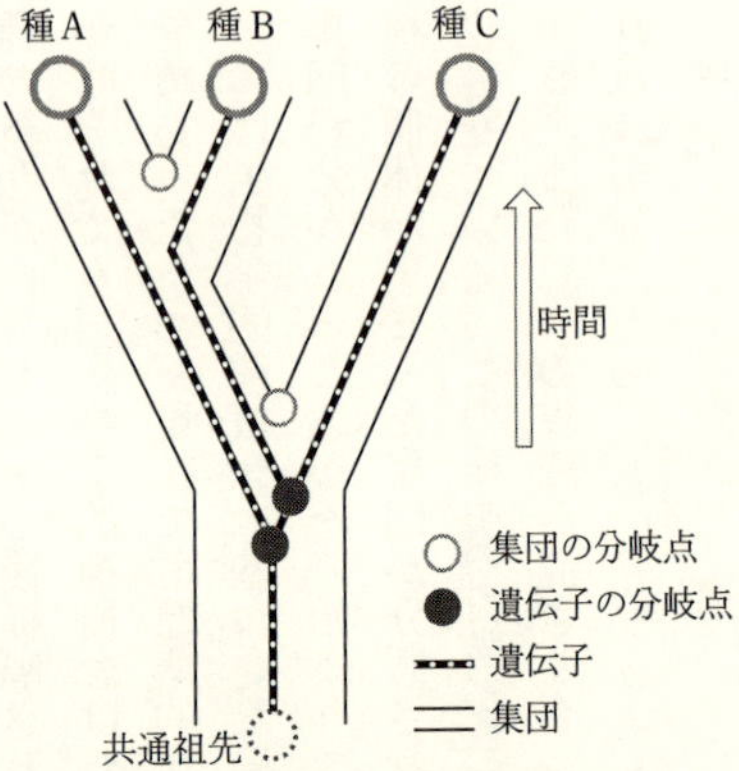


図3－14　遺伝子と集団の系統樹．東海大学出版会に許可を得て岡西（二〇一六）を基に作図．

しかし、集団が変化していく場合、形態よりもまず遺伝子のほうが先に変化すると考えられている（図3－14）。そのため、もし、形態は変化していないけれどもDNAの配列が変化してしまっており、すでにお互い交配は行えないような集団が生じた場合、これらは隠蔽種である、ということになるのである。

世界中に生息している種のなかには今まさに種が分かれようとしている、つまり内面は変化しているがそれが外面に現れていない、という段階のものもいるかもしれない。少なくともDNAの解析からは、そのような例が検出できてしまう、つまり、普通種のなかに新種が発見されてしまう、というわけである。

## キヌガサモヅルのなかに見つかった新種

キヌガサモヅル《*Asteronyx loveni*》は、私の研究対象であるツルクモヒトデ目キヌガサモヅル科キヌガサモヅル属に属する深海性の種である。深海域であれば極域を除く世界中に分布しており、このように世界中に分布域を持つ種を「コスモポリタン」と呼ぶ。しかしキヌガサモヅルではある程度の形態的な違いが見られるため、棘皮動物研究者の間では、本当に一つの種かどうか昔から疑問がもたれていたが、はっきりとした検証がなされてはいなかった。

もちろん日本でも採集されており、日本海を除くすべての海域から採集記録がある（Okanishi et al., 2018）。私が国立科学博物館の学生だったとき、標本庫に保管されている大量のキヌガサモヅルの標本を見ながら、「本当にこれは一つの種なのだろうか……？」とずっと疑問に思っていた。しかし学位のテーマは別に進めていたため、博士課程のうちはこの謎を解明することはできなかった。その後、学位を取得し、日本初の学術系クラウドファンディングサイトである"academist"にチャレンジし、研究費を獲得して、この謎に挑む機会を得られた。

研究費が得られた私は国立科学博物館に赴き、日本産のキヌガサモヅルの腕の一部を片っ端から収集し、DNA解析を行ってみた。その結果、日本では少なくとも三つの遺伝的に異なる集団が認められるということがわかった。これは私にとって、半分予想どおりで、半分驚きであった。

実は最初から、東北沖と東シナ海というように、これだけ地理的に離れている集団が、同じ遺伝子を持つことはおそらくないだろうと予想はしていた。自身の採集経験からも、どうも東シナ海周辺で採れるものは、東北沖で採れるものと、若干色やサイズが異なるような気がしていたのだ。

したがって私の予想では、東シナ海に生息する集団と東北沖に生息する集団は別の遺伝構造を持っており、その間のどこかに境界があると思っていた。解析の結果からは、予想どおり東シナ海の集団（集団①とする）は他の二集団と異なることを示していた。ところが意外なことに、他の二集団のうち、一集団（集団②とする）は、東北沖だけでなく、北海道から沖縄まで幅広く分布し、集団①と分布域が被っていた。

また、残る一集団（便宜的に集団③とする）は実は集団ではなく、屋久島沖から得られた一個体である。いずれにせよ、水平分布で見ると、これらの集団に境界が見られないという結果が得られたのだ。

次に、これらの各集団、計八〇個体の形態をつぶさに調べることにした。その結果、どうやらこれまでに分類に用いられていなかった形態形質によって、これらの集団を分けられることがわかってきた。

集団①と集団③の個体は、全て体の真んなかの盤の表面にシワシワの構造を持っていた。これに対して集団②の個体の盤の表面はスベスベであった（図3-15）。これはどうやら、盤

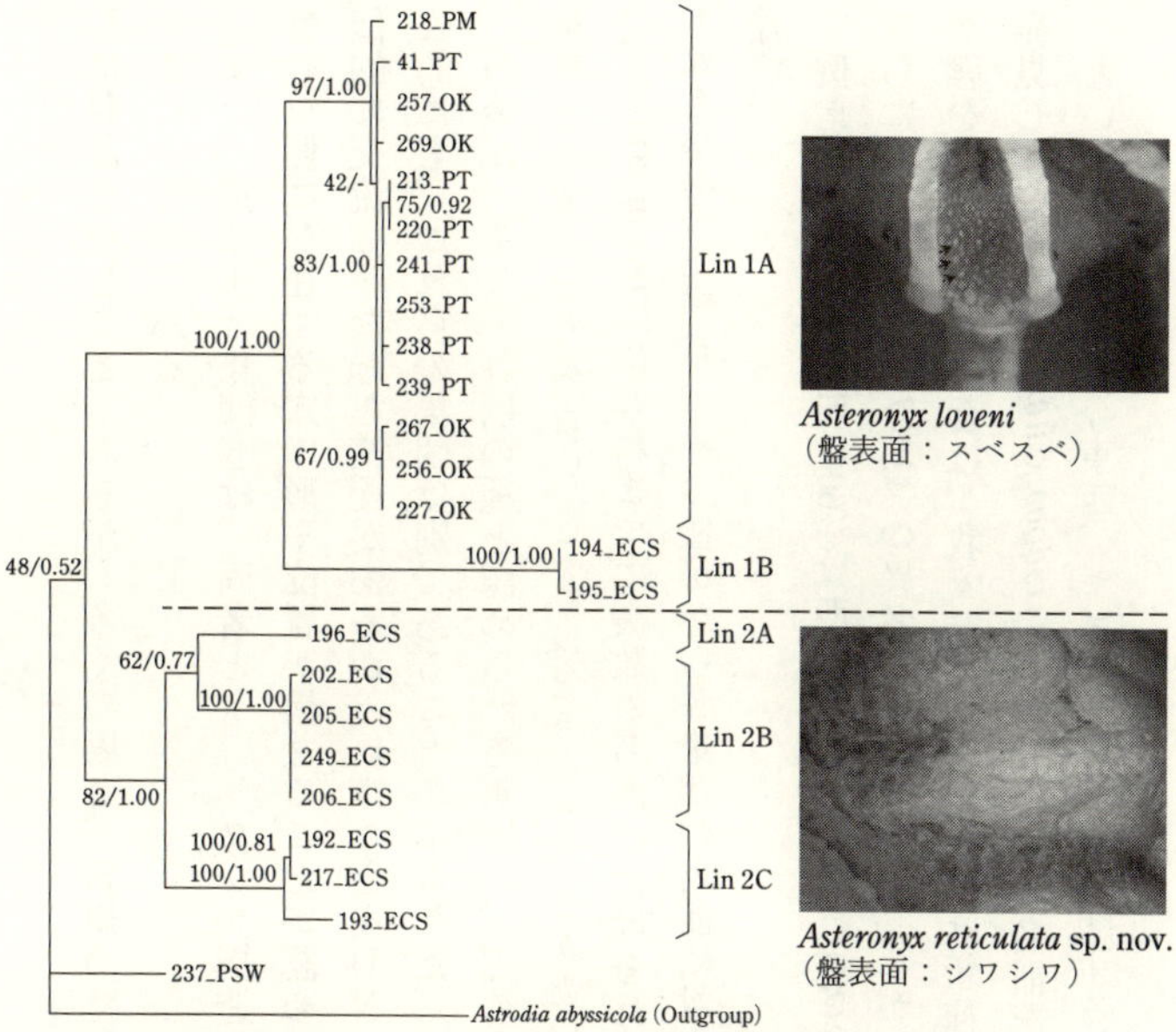


図３－15　日本産キヌガサモヅルを用いたDNA解析の系統樹（左）と，各系統を分ける形態的な差.『Zoologischer Anzeiger』より許可を得て，Okanishi et al.（2018）より転載.

の表面を覆う皮の厚さの違いに起因するようだが、このような、「柔らかい」形質は、あまりクモヒトデ類の分類には用いられてこなかった。

「伝統的には分類に用いられてこなかった」形質を新たに用いるのは、なかなかためらわれるものである。実際、もし私がＤＮＡ解析を行わずにいたら、この形質を認めたとしても、これをもって区別ができると断ずるには相当の勇気を要したであろう。ＤＮＡ解析は、時に混乱を生むこともあるが、多くの場合、新規の特徴を適用する際に、心強い後押しをしてくれるものである。

また、集団①と集団③は、両者とも「シワシワ構造」を共有するが、「生殖裂孔」という、盤の口側に存在する穴の形や位置が異なることが認められた。その他にも、各集団の間で遺伝的な交流、すなわち交配があるかということをDNAの配列から解析し、形態的にもDNA的にも、これらの集団は別であることが示された。

最後に、それぞれ別の種と認められる集団に、どの種名を割り振るべきか、という問題を解決しなくてはならない。これはどういうことかというと、今回解析したキヌガサモヅル《*Asteronyx loveni*》にこれまでに複数の名前が付けられていた経緯があった場合（つまり複数の異名があった場合）、そのなかから各集団の名前に対応するものがないか調べなくてはならない。

例えば、ベル（Bell, 1909）は西インド洋から《*Asteronyx cooperi*》を記載しており、これはのちに《*Asteronyx loveni*》の異名にされている。しかし、もしこの《*cooperi*》がシワシワの形態を持っていた場合は、我々が認めた集団①は新種ではなく、ベル（Bell, 1909）がすでに発見していた《*Asteronyx cooperi*》であり、この名前を「復活」させる必要がある。

ということで、古今東西、キヌガサモヅルに関する一〇〇を超える文献を全て集め、片っ端から目を通す作業を行った。その結果、どうやらそのなかにシワシワの形態を持つという特徴は記載されていないことが判明した。

これでやっと、集団②が真のキヌガサモヅルであり、集団①と集団③が新種であろう、ということが証明できたわけである。ただし、集団③に関しては、未成熟と思われる一個体しか得られていないことから、集団①を《*Asteronyx reticulata*》Okanishi et al., 2018と命名した（図3-16）。

ちなみに、この研究では最終的に形態で区別ができているので、正確には「隠蔽種」ではないかもしれない。しかしこれまでの分類の基準では形態で区別ができなかったため、論文ではここで発見した新種を「隠蔽種」としている。

このように、「コスモポリタン」と呼ばれるもののなかにも、実は新種が潜んでいる場合が多々あり、それを証明するのは非常に骨が折れる作業であることがおわかりいただけたであろう。しかも今回、日本に生息するキヌガサモヅルだけでもすでに三種に分けられることがわかったわけで、これを世界中で行うと、これまで一種だったキヌガサモヅルは、何種になるのか、見当もつかない。

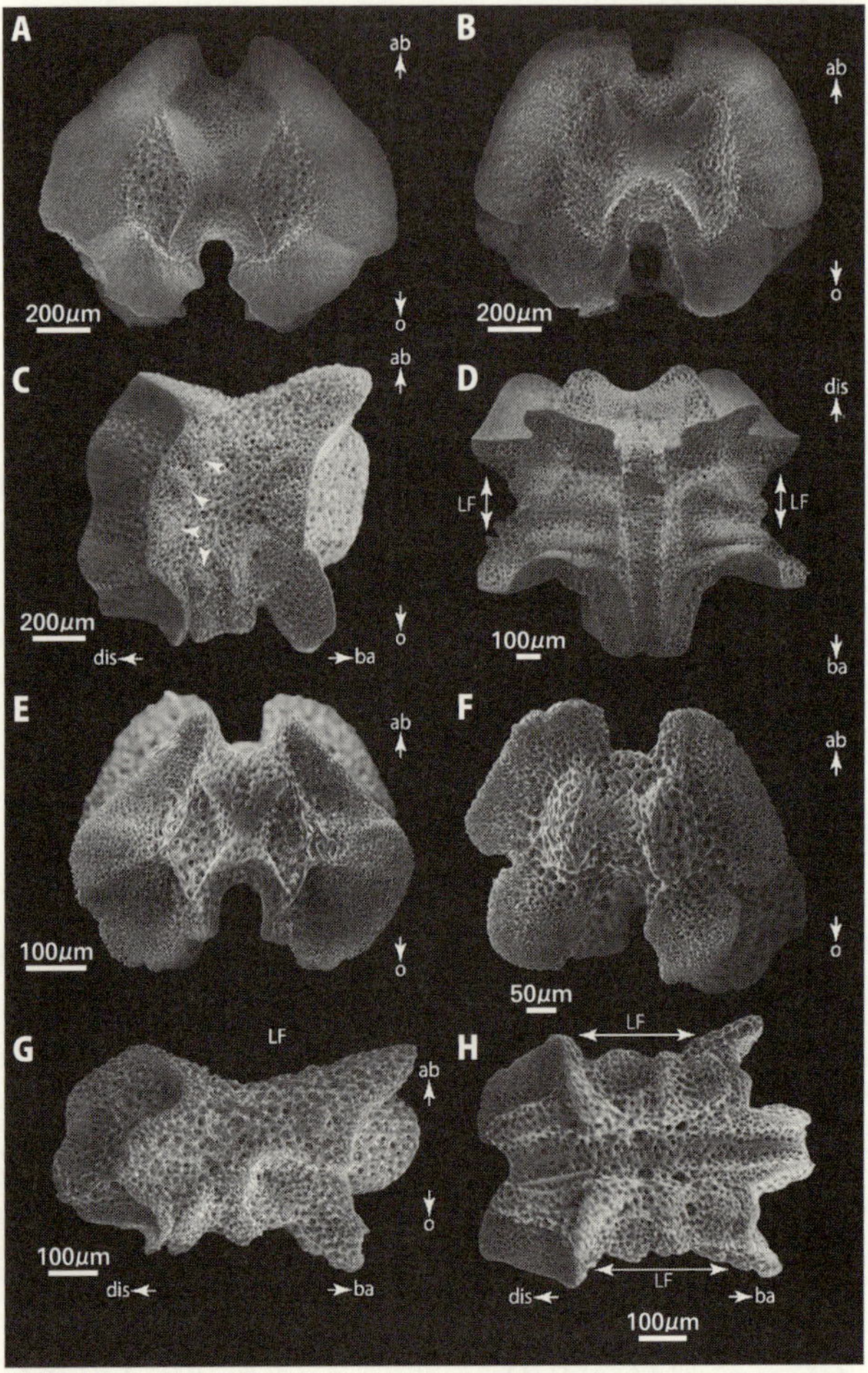


図3－16 《*Asteronyx reticulata*》の新種記載の図.『Zoologischer Anzeiger』より許可を得てOkanishi et al.（2018）より転載.

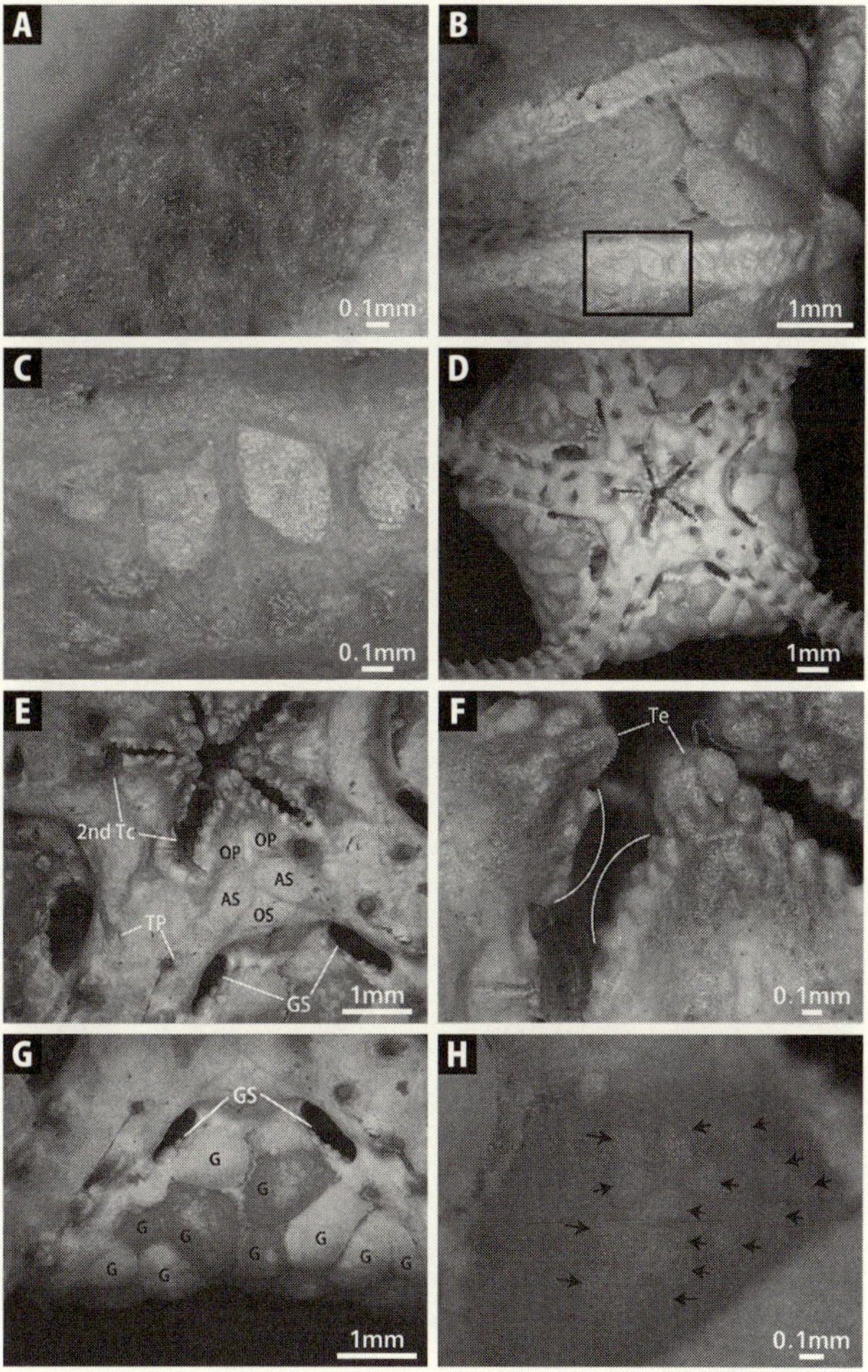
A
0.1mm
B
1mm
C
0.1mm
D
1mm
E
2nd Tc
OP
OP
AS
AS
OS
TP
GS
1mm
F
Te
0.1mm
G
GS
G
1mm
H
0.1mm

## 5　東京大学三崎臨海実験所——明治から続く新種発見の拠点

ここまでは比較的近年の新種の発見について述べてきたが、本章の最後に、「歴史的な新種の発見」についても触れてみたい。かつては分類学が生物学の花形である時代があった。特に十九世紀後半はその真っ盛りで、日本においてはこの頃、海洋生物の新種の記載が相次いだ。その拠点となった場所が、東京大学大学院理学系研究科附属臨海実験所（通称：三崎臨海実験所）である。

### 三崎臨海実験所の沿革

簡単に三崎臨海実験所の歴史を概説すると、その開設は一八八六年に遡《さかのぼ》る。のどかな港町であった現在の神奈川県三浦市三崎町に初代実験所（帝国大学臨海実験所）が建設された。当時は全世界同時多発的に起こった臨海実験所設立ムーブメントの真っただ中であり、東京大学（当時は帝国大学）がその流れに乗った形になる。その契機は、一八七七～七九年に東大理学部の教授に就任した、大森《おおもり》貝塚の発見で有名なアメリカのエドワード・モース（Edward Morse）の時代に得られた。

モースが一八七七年の夏に、江ノ島に小さな小屋を建てて、シャミセンガイ（二枚貝のよ

図３－17　初代三崎臨海実験所所長の箕作佳吉の肖像写真（左）と，建設直後の三崎臨海実験所（三崎町入船）．東京大学より許可を得て転載．

うな二枚の殻を持つが、軟体動物とは全く異なる体のつくりを持つ腕足動物門）を採集したことをきっかけに、臨海実験所の建設を東大に進言したという。

その後、東大医学部教授に就任したドイツのルートヴィヒ・デーデルライン（Ludwig Döderlein）が一八八一年に相模湾で底曳き網を敢行し、紆余曲折の末、世界的にも類を見ない貴重な深海生物が三崎周辺から得られることを突き止めた。そして彼はまた「日本沿岸の何処《どこ》かに動物学実験所を設立する……日が来たならば、……三崎こそそれに最適の場所であろう」と日本での報告文を結んだ。

日本を離れたデーデルラインと入れ替わりに、欧米で学び、海外の動物学を修めた箕作《みつくり》佳吉《かきち》が帰国した（図3－17）。のちの初代実験所所長である。東大に招聘《しょうへい》された箕作は一八八二年に二十五歳に満たない若さで教授に就任し、三崎、鞆《とも》の津（広島）や江の浦（静岡）を巡ったのちに、三崎に臨海実験所を設立することになる。

箕作が所長に就任した当初の実験所は現在の場所から車で一〇分ほどの、三崎港からほど近い入船《いりふね》に建設された（図3-17）。その後、入船地域の観光地化や避暑地化に伴い、一八九七年に現在の油壺《あぶらつぼ》に移転した。この経緯は磯野直秀《いそのなおひで》氏の著作『三崎臨海実験所を去来した人たち』に詳しい。

三崎臨海実験所では設立の当初からさまざまな珍種が採集され、記載された新種はなんと数百に及ぶ（磯野、一九八八）。ここではそのなかでも、独断と偏見でピックアップした異彩を放つ二種について、採集にまつわるエピソードとともに紹介したい。

## サナダユムシ《*Ikeda taenioides*》

三崎臨海実験所の開設当時から、寄生虫のサナダムシに似た動物が、三崎を含む全国の海岸から発見されていた。この動物が研究者の注目を集めたのは、それがことごとく破片の状態で見つかるためであった。

当時の実験所の若者たちはこの通称「ウミサナダ」の正体を見破らんと挑戦するが、全く謎は解けない。一九〇一年、いよいよ音を上げていた挑戦者の一人、のちに三崎臨海実験所第三代所長となる谷津直秀《やつなおひで》と、彼と同年代の若者である池田岩治《いけだいわじ》が居合わせることでこの状況は一変する。

池田は谷津が、桑野《くわの》久任《ひさとう》という、これもまた彼らと同年代の若者と「ウミサナダはおそらく、ヒモムシ（紐形動物門の通称で、体節がなく、体内に吻腔《ふんくう》を持つ蠕虫状の海産動物）の形が変形したものに違いない」と議論するのを聞きながら、何気なく彼らの傍らにあったウミサナダの薄切標本を顕微鏡で覗いた。そこで池田は驚いた。彼らがヒモムシ云々《うんぬん》と言いながら覗いていたものは、なんと池田が研究している「ユムシ類」の吻（口が変形して突起状になった構造）に違いなかったのである。彼はすぐに自分の研究するユムシ類の薄切標本を取り出し、谷津と桑野に比較させた。彼らは驚いて池田の数倍の大声をあげ、あたりはしんと驚きに満ちた静寂に包まれたという。

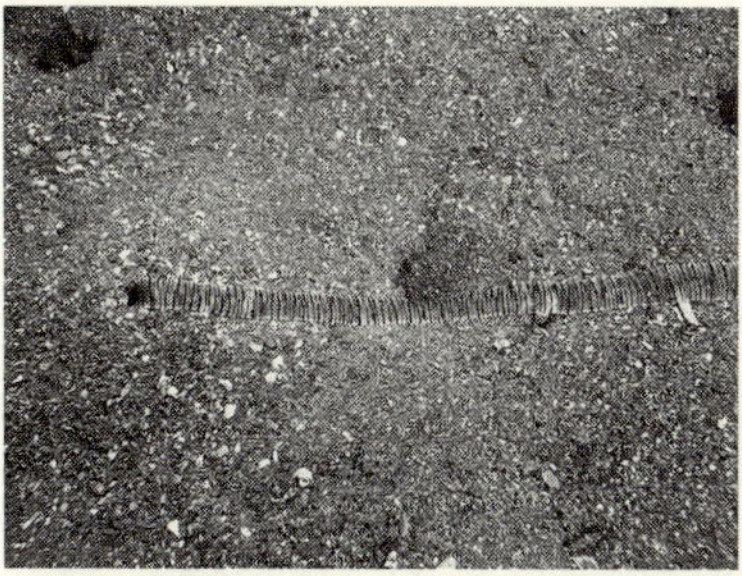
図3－18　サナダユムシの吻．写真撮影：幸塚久典（東京大学）．

これで「ウミサナダ」の正体がわかると同時に、これまでにこれが破片でしか見つからない理由が判明した。ユムシ類は、ずんぐりしたソーセージのような胴体から、ヘラのような吻を伸ばす動物である。種類によってはこの吻が非常に長く、胴体を砂泥底や岩の隙間に潜ませている（図3－18）。そしてこの吻が切れやすいのである。

「ウミサナダ」はおそらくその類に違いなく、これまでに採れていたものは、彼らが海底表面に出していた吻だろう。とすれば、ウミサナダの本体は、その吻をたどった砂のなかにあるはずだ。しかもこの大きさの吻は他のユムシに比べても大きいため、その本体はどれほどの大きさなのか、想像もつかない。この推測の下、池田は三崎でこのウミサナダを探し回り、一九〇一年十一月十三日、海藻の茂る諸磯《もろいそ》湾の海底を這ったウミサナダの吻をついに発見し、採集に成功することとなる。その顚末《てんまつ》は以下のとおりである。

諸磯（油壺の対岸にある磯）に船でたどり着くと、皆一斉に箱メガネで水中を観察した。すると、すぐに結構な数のウミサナダの吻が砂泥底に認められた。しかしこちらの気配を察してか、それはすぐに巣穴のなかに戻っていく。

そのときはまだ潮が高い昼だったので、この巣穴の横に目印として長い竹の棒、合計一二本を刺した。そしていったん実験所に戻り、このユムシの採集法を考案する。当初はヘルメット潜水（スキューバが普及する以前の長時間潜水法）も辞さない構えであったが、最終的に、当時の実験所の希代の技術専門職員（三崎では採集人とも呼ぶ）であった青木熊吉《あおきくまきち》による「潮の引く夜に、生け捕るのが最もよいだろう」という提案に、皆が賛同することとなった。

吻の長さや、それを迅速に巣穴に引き入れる様子から察しても、その本体は相当に大きく、巣穴は深いに違いない。幸いにして当日は温暖で風も弱かったため、集った採集隊五名は一同にたいまつやら薪やら採集用具やらを船に乗せ、午後九時に諸磯へ向かった。
いったん海岸に上陸し、午後十一時まで潮が引くのを待つと、ついに竹竿の一本が完全に干上がり、その傍らから吻が二〇センチメートルほど伸びているのが確認できた。それを見て採集隊は、まずは巣穴を中心として直径約一メートルの円を描き、その外周に沿って深さ六〇センチメートルほどの円溝を掘り、巣穴を中心とする小島を作ろうとした。初めから、おそらく本体は地中深くに鎮座しているだろうという予測の下の行動である。ところが砂が崩れて、砂中に引き込まれた吻を見失ってしまう。

そこで「小島」の半分を切り崩し、真下に伸びる坑道を確認しながら、砂をさらっていく。すると、ついにウミサナダの吻の一部が視認できた。そしてそれを指で探っていくと、なにか柔らかいものに触れたので、熊吉がここぞとばかりに坑道を掘り進み、とうとう恐ろしく長いその柔らかいものをその手に持ち上げた。これには大歓声が上がったという。

真水で洗ってみるとそれは暗褐紫色を帯びた、長さ四〇センチメートルに至る「奇態の動物」であったという（図3-19）。この長さは胴体のことであるから、実に巨大である。午前一時までで計二体が採集されたこの種はしかしその後、やや複雑な命名の経緯をたどる。

本種は和名として「サナダユムシ」と名付けられ、まず、池田によって一九〇一年に《*Thalassema hamotaemiai*》と命名されたが、すぐにまた池田自身が、図版に添えられた種名を《*Thalassema taeniaides*》と「改名」している（池田、一九〇二）。さらにその後、池田は、本種を《*Thalassema taenioides*》という別の名前（一文字違い）で新種記載している（Ikeda, 1904）。

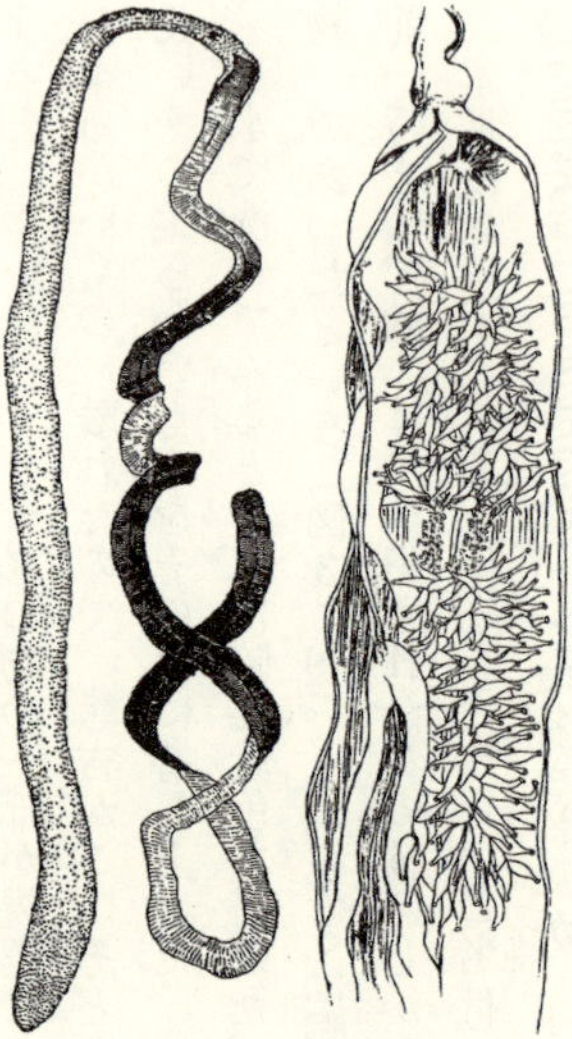

図3－19　サナダユムシのスケッチ．池田（一九〇一）より転載．

この場合、池田は同じ種に対してこの三つの名前を（たとえ“*taeniaides*”が“*hamotaeniai*”の改名のつもりであり、“*taenioides*”という一文字違いの名前が書き間違いだったとしても）命名したことになるため、これらは異名となる。そして“*hamotaeniai*”と“*taeniaides*”はその命名後に一度も使われておらず、“*taenioides*”がサナダユムシに対して長らく、さまざまな研究者に用いられてきた。また本種は後に他の研究者によって新設されたイケダ属（*Ikeda*，池田にちなんで命名された属）に移されているため、現在は《*Ikeda taenioides*》という種名が本種に用いられている。詳しくはNishikawa (2001) を参照してほしい。

## オトヒメノハナガサ《*Branchiocerianthus imperator*》

一八九九年の元旦、まだ初日の出が上らないころに、実験所に「怪物あり、怪物あり」の声が響いた。その声の主の青木熊吉が、大きな桶を持って研究室に入るや否や、海水とともにその「怪物」を巨大な皿に放った。長さ七〇センチメートルにも至る巨大な柄《え》（触手の生えた部分を支える軸部）を持ち、桃紅色の長髪のような触手をその先端から麗しく乱舞する姿（図3-20）に、当時の実験所の人々は度肝を抜かれたに違いない（磯野、一九八八）。

この怪物の正体は巨大な「ヒドロ虫」で、イソギンチャクやサンゴなどを含む刺胞動物門のなかの、一つの大きなグループである。有名どころでは実験動物の微小なヒドラ属（*Hydra*）などが知られるが、他にも美しいクラゲ類や、貝の表面に群体を形成するものまで、さまざまな生態や形態を有する。

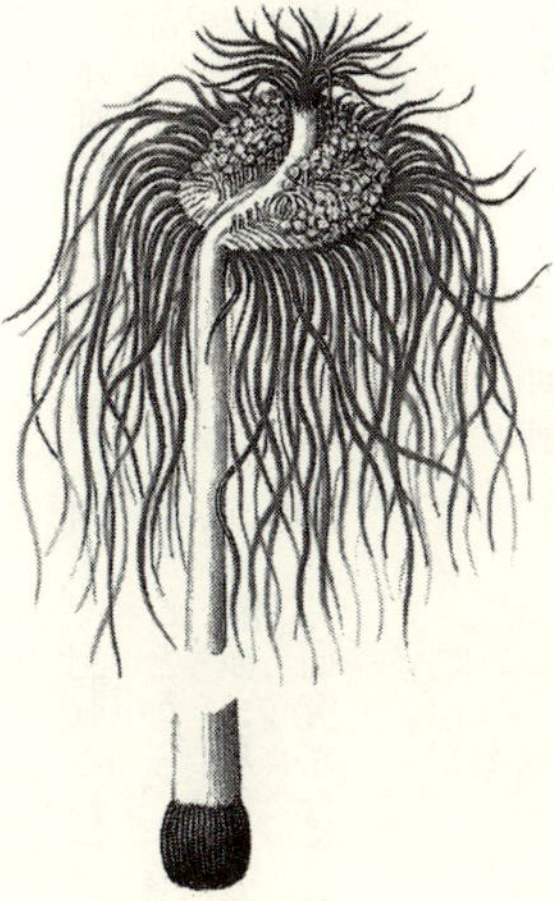

図3-20　オトヒメノハナガサのスケッチ．Miyajima (1900) より転載．

ヒドラ属は往々にして体長一センチメートル程度であり、他のヒドロ虫もあまり大きくはないことを考えると、このヒドロ虫はまさに「怪物」と呼ぶにふさわしい。

本種はこの数年前に南米で記載されていたが、日本での発見はこれがはじめてであった。奇《く》しくも元旦に採集されたことから、「竜宮のお年玉」だということで、「オトヒメノハナガサ（乙姫の花笠）」という美麗極まる和名が付けられた。その後もオトヒメノハナガサは三崎でしばしば採集され、詳しく研究がなされるとともに、世界各地の博物館に送られたということである。

## その他の珍種・新種

三崎臨海実験所で記載された新種・珍種はこのほかに、まるで人の手で作られたような規則的で美麗な骨片の構造を持つ種類が多い「ガラス海綿」類（図3-21）、愛らしい形をし

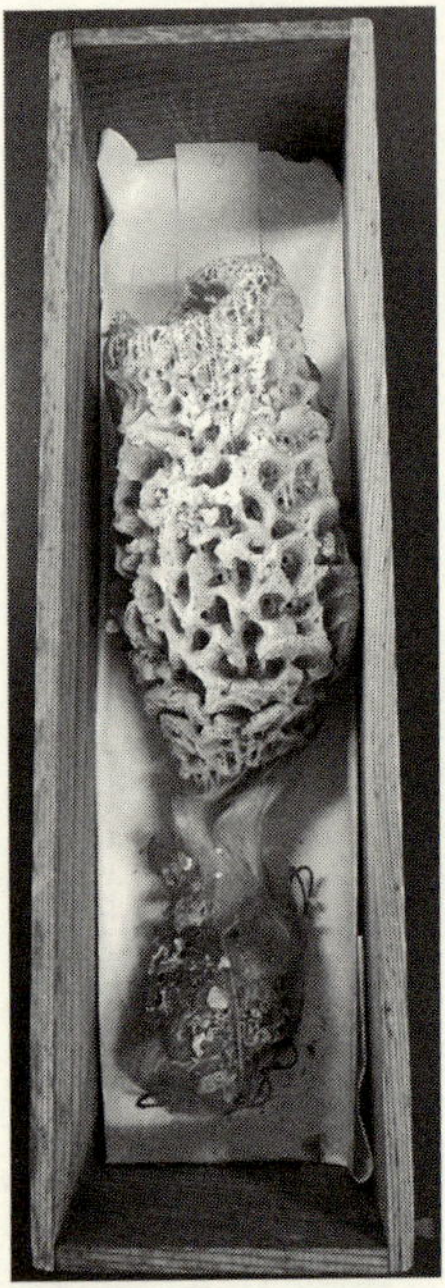

図3-21　青木熊吉が採集したと思われるガラス海綿．写真撮影：幸塚久典（東京大学）．

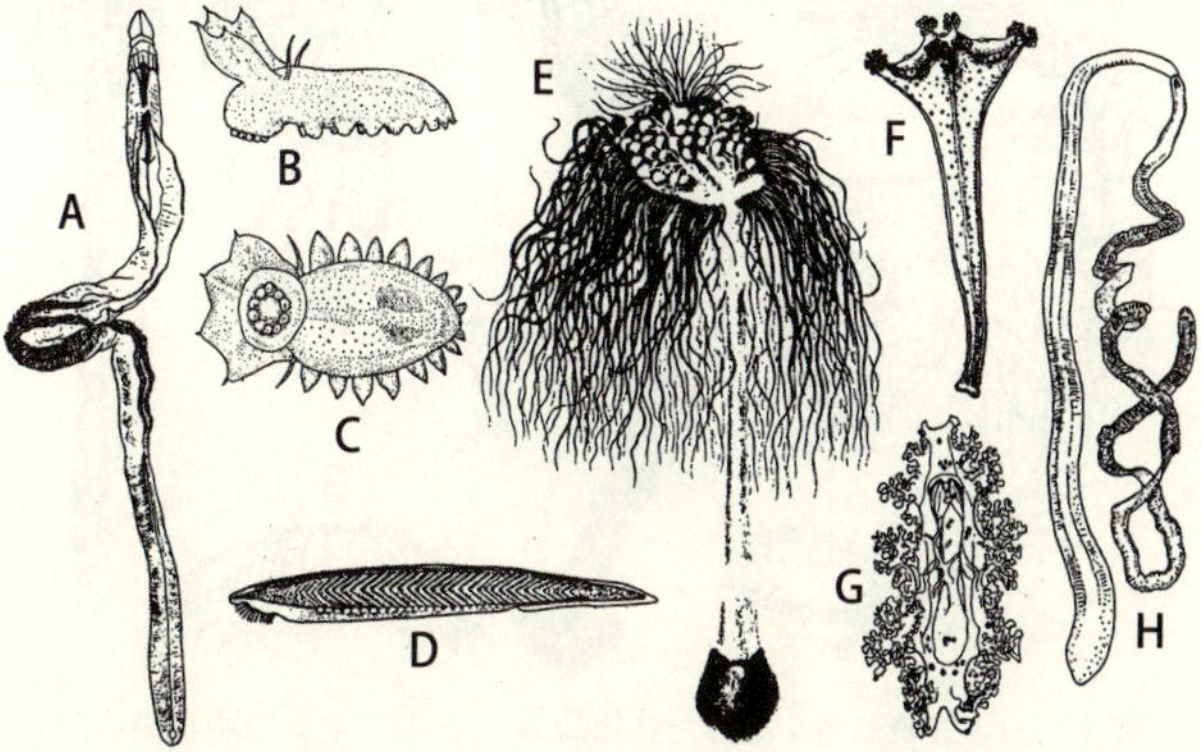


図3－22　三崎の名を高めた動物①．A，ミサキギボシムシ（半索動物門）．B，C，ハナガサナマコ（棘皮動物門ナマコ類）の側面（B）と腹面（C）．D，ナメクジウオ（頭索動物門）．E，オトヒメノハナガサ（刺胞動物門ヒドロ虫類）．F，ムシクラゲ（刺胞動物門十文字クラゲ類）．G，巨大なオーリクラリア幼生（ナマコの幼生）．H，サナダユムシ（環形動物門ユムシ類）．磯野（一九八八）より転載．

た「メンダコ」、体の一部が、まるで植物のように分岐（実際は新たな個体が出芽）するゴカイ「カラクサシリス」、海藻の上などに固着する、奇妙な「コトクラゲ」や「ジュウモンジクラゲ」、生きた化石「ラブカ」、一見するとホヤに見紛う「イガグリキンコ」、そして頭の先に突出した長い吻を備える「ミツクリザメ」などなど、数えきれないほどである（図3－22～24）。

さらに「ホソオヨギヒモムシ」「トウナスカイメン」「ウミサボテン」「ハナガサクラゲ」「シャミセンガイ」「タカアシガニ」「オキナエビス」「ウミホタル」「ツバサゴカイ」「イイジマフクロウニ」「トリノアシ」「ヌタウナギ」「ヤドリク

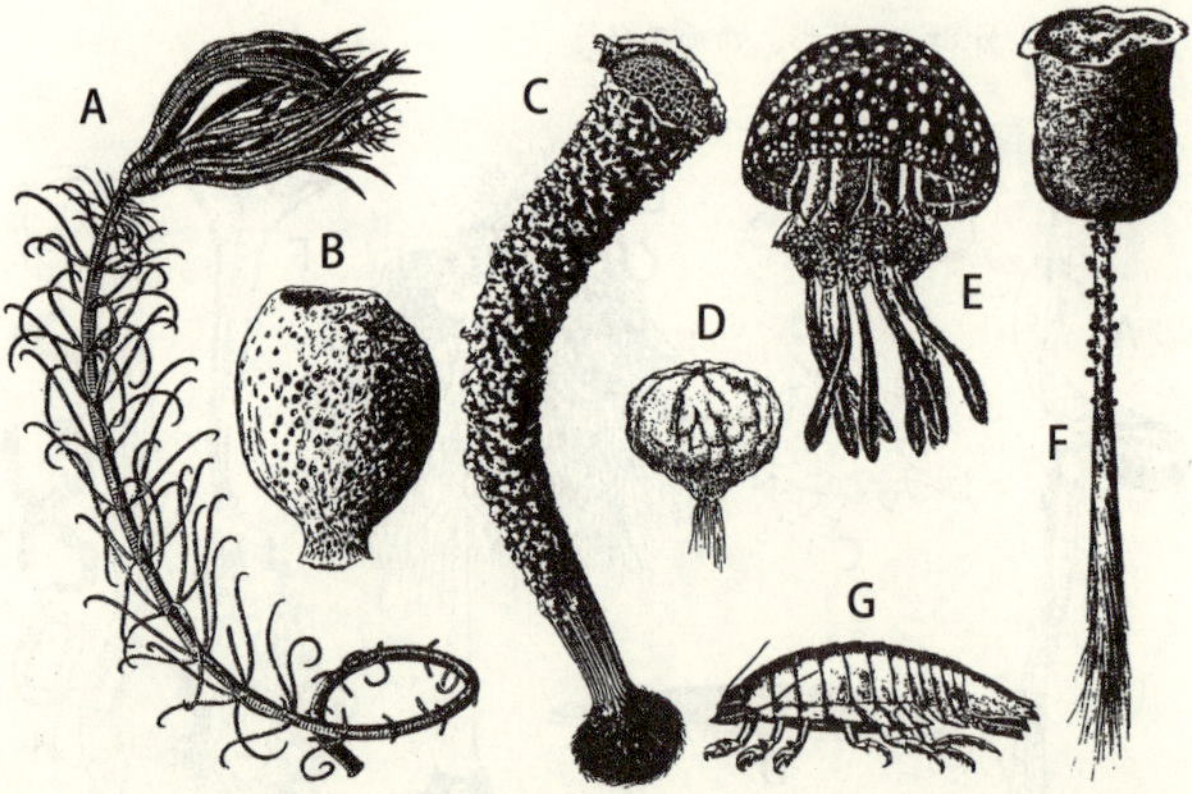


図３－23　三崎の名を高めた動物②．A，トリノアシ（棘皮動物門ウミユリ類）．B，カゴノメカイメン（海綿動物門）．C，ヤマトカイロウドウケツ（海綿動物門ガラス海綿類）．D，トウナスカイメン（海綿動物門）．E，タコクラゲ（刺胞動物門鉢虫類）．F，ホッスガイ（海綿動物門ガラス海綿類）．G，オオグソクムシ（節足動物門甲殻類等脚類）．磯野（一九八八）より転載．

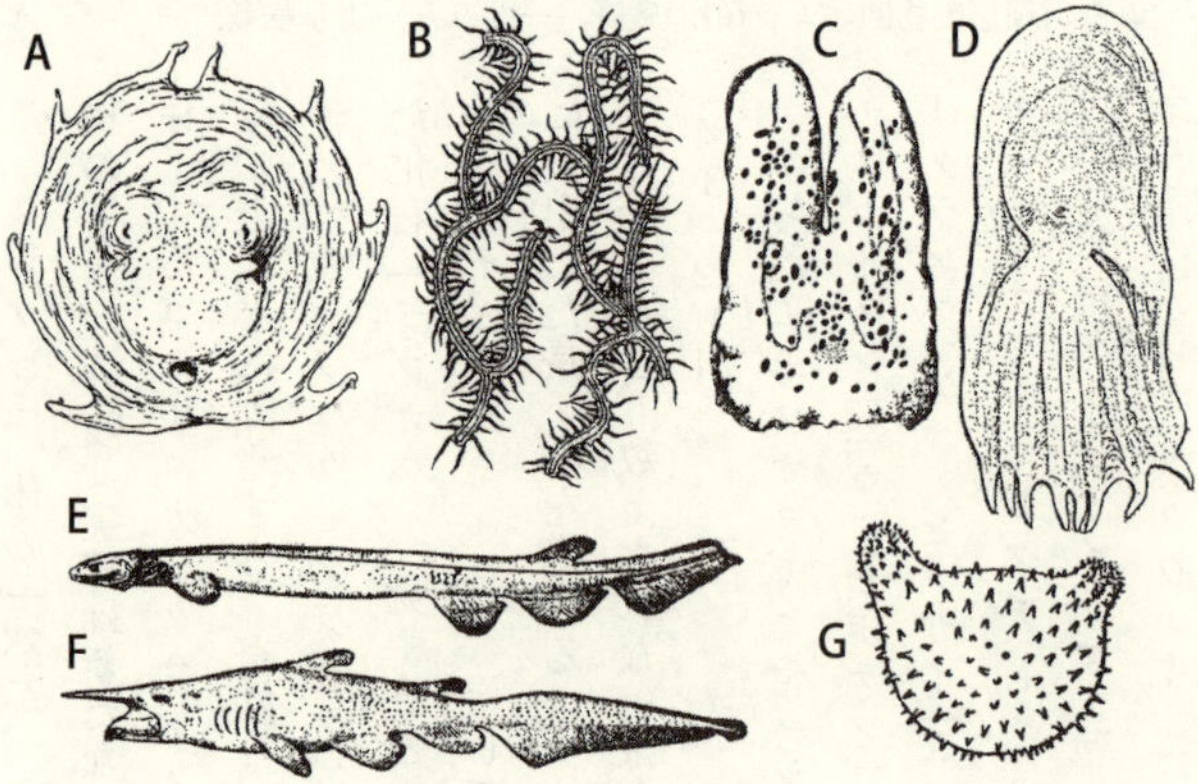


図３－24　三崎の名を高めた動物③．A，メンダコ（軟体動物門頭足類）．B，カラクサシリス（環形動物門多毛類）．C，コトクラゲ（有櫛動物門）．D，クラゲダコ（軟体動物門頭足類）．E，ラブカ（脊椎動物門軟骨魚類）．F，ミツクリザメ（脊椎動物門軟骨魚類）．G，イガグリキンコ（棘皮動物門ナマコ類）．磯野（一九八八）より転載．

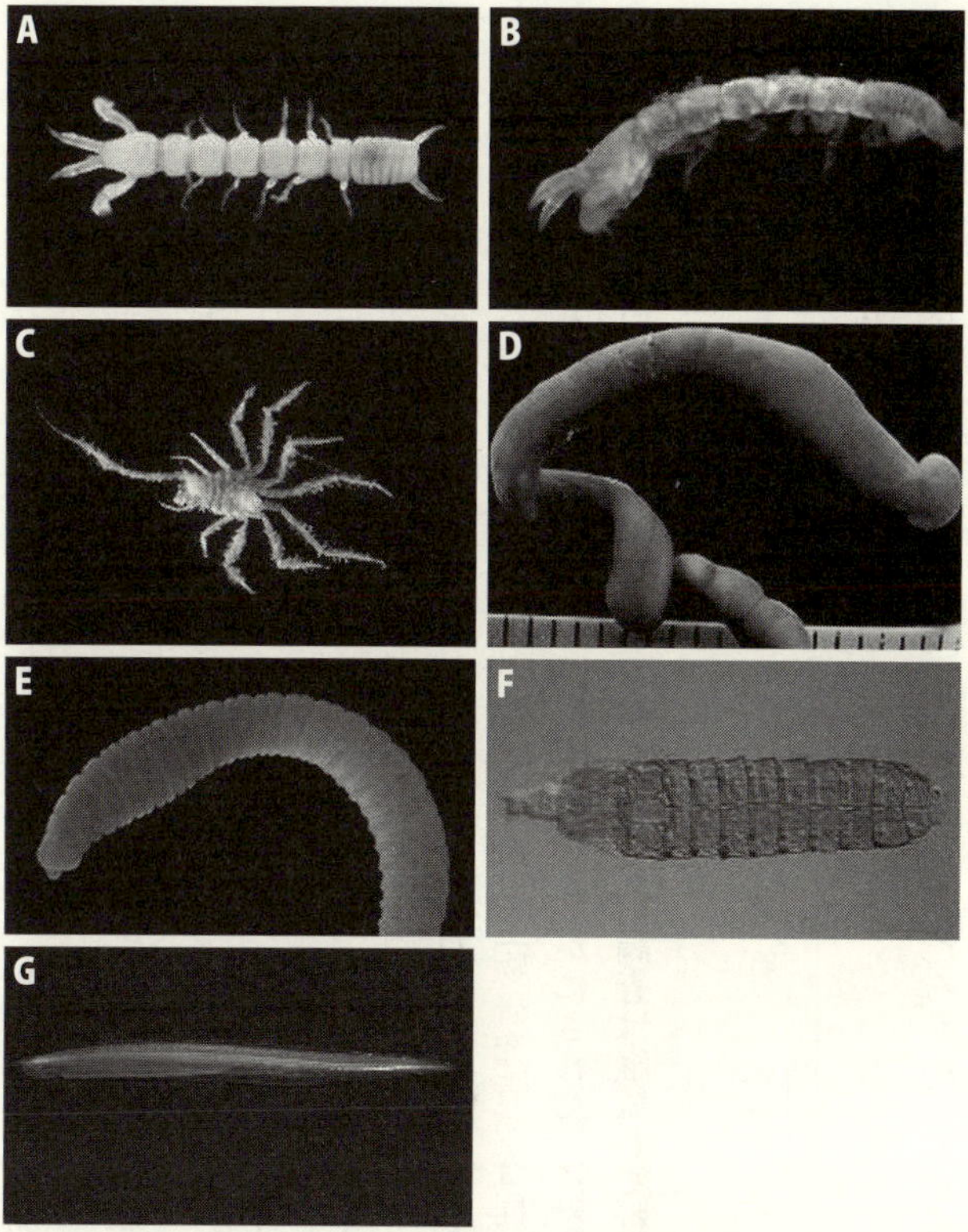


図3 - 25　JAMBIO調査によって得られた未記載種．A, B, タナイス類（節足動物門甲殻類）．C, ミズムシ（節足動物門甲殻類等脚類）．D, ヒモムシ（紐形動物門）．E, ゴカイ（環形動物門多毛類）．F, 動吻動物（動吻動物門）．G, ナメクジウオ（頭索動物門）．『Regional Studies in Marine Science』より許可を得て，Nakano et al.（2015）より転載．

シクラゲ」など、多数の海産動物が明治、大正、昭和初期に発見され、三崎臨海実験所の名前を高めた（磯野、一九八八）。

現在、残念ながらこのような動物がよく採れた場所、特に深場の多くは漁場となっており、底曳き網を下ろすことはできない。また、サナダユムシのように、現在は三崎（諸磯）から姿を消してしまった動物も多い。だからこそ、このような生物の記録は当時の環境を知る上で大変貴重なものとなっている。

三崎臨海実験所が面する相模湾には、今でも多数の未記載種が生息しているはずである。二〇一四年と二〇一五年に行われたＪＡＭＢＩＯ（Japanese Association for Marine Biology：マリンバイオ共同推進機構）による、各地の海洋生物研究者の合同調査によって、相模湾に五〇種以上の未記載種が存在していることが明らかにされた（Nakano et al., 2015；図３－25）。現在でもこのＪＡＭＢＩＯによる沿岸生物合同調査は継続して行われており、日本の沿岸の生物相に関する知識を更新しつづけている。

## *Column*　本当に「レア」な動物とは？

「レア」な生物とは、どのように定義できるだろうか。私が考えるに、レアにはいくつかの種類がある。

　第一に「生息場所が限られている」ということが挙げられる。深海生物などの多くはこれである。確かにこれらの生物には普通はお目にかかれないが、生息地にさえ行けばあっさり採れることはよくある。例えばセンジュナマコは、深海性ということでレアなイメージがあり、その愛らしさも相まって人気があるが、場所によっては一回の曳網で相当量が採れる。

「小さすぎる」こともレアたる一つの要件だ。そもそも顕微鏡がないと視認すら困難なため、その点ではレアと言える。しかしこちらも、前述した動吻動物のように、適切な用具さえあれば、そのあたりの海岸で採集可能なものも多い。

　逆に大きくても「個体数が少ない」ものはレアといえる。ダイオウイカやリュウグウノツカイなどは、分布域は広いはずだがおそらく個体数が少ないため、網にかかるとニュースになる。レアと考えて差し支えない。

「採集が難しい」は、かなり玄人好みのレア条件だ。前述したサナダユムシは、胴部が四〇〜五〇センチメートルとかなり大きく、吻部をあわせると二メートルに近くなり、各地で目撃されているが、本体を採集するのが難しいためにレア動物の称号を得るに至ったのであろう。他には、棘皮動物門と脊索動物類の間に位置する半索動物（ギボシム

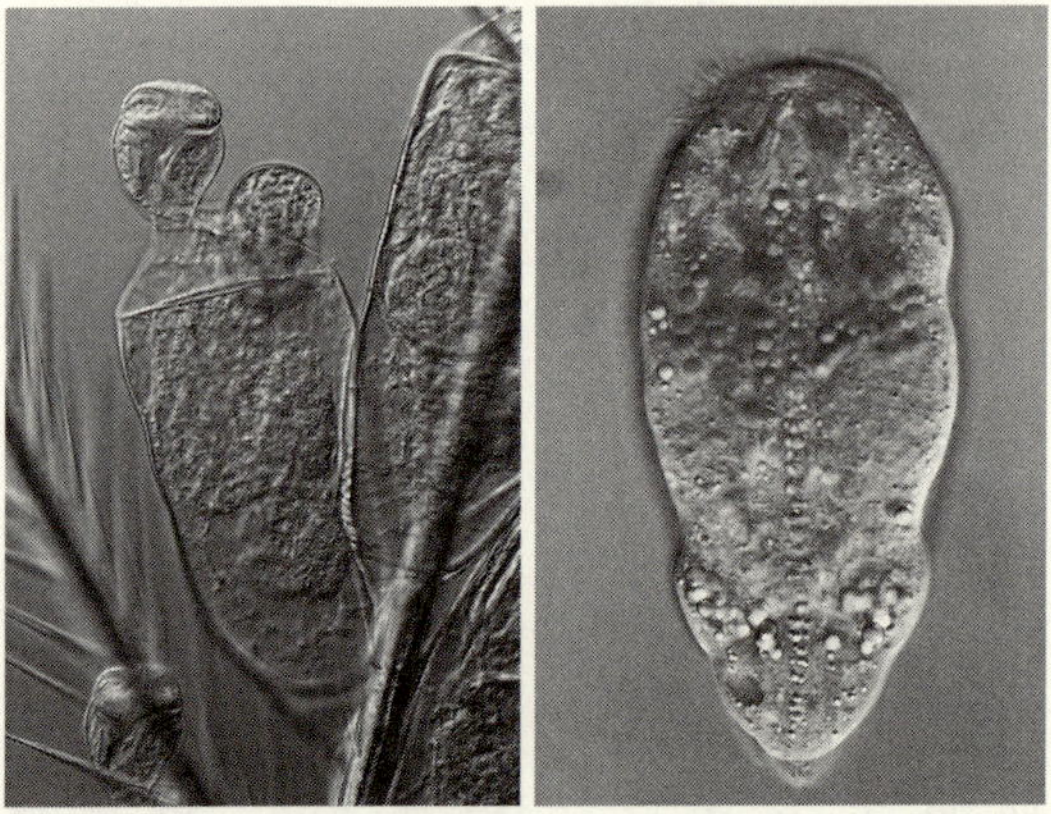

図3-26　有輪動物の成体（左）と脊索幼生（右）．写真撮影：左，Reinhardt Møbjerg Kristensen（コペンハーゲン大学）．右，Kristensen，Peter Funch（オーフス大学）．

シ、フサカツギの類）も採集が難しい。それなりに大きい動物なのだが、砂泥に潜って暮らし、あまりに体が柔らかいため、スコップなどで掘ると体がバラバラになる。そのため完全体を採るためには、巣穴が水中にある状態で、手でやさしく水流を起こして砂を少しずつ払うようにして掘り進めていく必要がある。

これらを兼ね備えたレアな分類群ももちろん存在する。例えば有輪動物門は、北海のアカザエビの口器上で寄生生活を送る動物で、小さく、生息域が限られ、ほとんどの人に認識されていないため、二〇二〇年二月現在、動物門のレベルで、世界で二種しか知られていない（図3-26）。もし三種目が見つかれば、動物学者をうならせる、正真正銘のレア動物だ。

いずれにせよ、本当にレアなものは、全体を概観できてはじめて判断できるものである。ハーバード大学比較動物学博物館の設立者で、アメリカ動物学の育ての親であるルイ・アガシー（Louis R. Agassiz）の名言“Study nature, not books”（書物でなく、自然に学べ）にあるように、野外でも大いに採集経験を積むことで、動物に対する感覚は研ぎ澄まされるものであろう。

# 第四章　命　名
## ——学問の世界への位置付け

乗船調査の様子．2015年４月27日，和歌山県白浜町沖にて．
左奥が著者．写真撮影：河村真理子（京都大学）．

ここまでは、新種の発見事例を、なるべく細かい部分には触れずに紹介してきた。しかし、華やかな新種を見出す、命名する、という、時にはニュースをにぎわすような行為は一朝一夕には成らず、実際には極めて地味な作業の上に成り立つ。そしてそれこそが分類学の入門・根本にして醍醐《だいごみ》味と言える部分でもある。本章では、新種を記載するために必要となる分類学的な作業と、命名にかかわる文法、そして記載という作業の実例を説明してみたい。

## 1　古今東西の文献・標本調査

## 「公表された」文献を収集する

まず、新種を発見するにあたって最も基礎的かつ重要となるのは、文献調査である。自分のターゲットとする分類群を決めたら、まずはそれに関する文献を、全て集める必要がある。その目的は主に二つで、一つは、その対象とする分類群に関する分類の情報を網羅するためである。とは言っても、有史以来の全ての情報に目を通す必要があるわけではない。動物の場合は、先述したとおり、リンネが『自然の体系』を著した一七五八年一月一日以降に発刊された文献に限る。

では、分類学における「文献」とは何だろうか。この定義は、それが発刊された日付によって異なるのだが、おおむね、「最初に発刊された時点で入手可能であり、同じ原本から複製されたもの」という条件をクリアする必要がある。平たく言えば、学会などの機関が発刊している科学雑誌や本などがこれに相当する。分類学では、こうした文献上で行われた新種記載などを「公表された命名法的行為」と表現し、分類学の舞台に上がったとみなす。

一方で、標本に添えられる、採集情報を書き記したラベルに「新種」と書かれていたり、ウェブ上での記事や、また、学会発表で配られる発表の要旨集などで「新種発見」と書かれていても、それらは「公表」とは言わない。しかるべき文献を集め、そのなかで公表された情報を整理するところから、分類学は始まるのである。

| |
|---|
| クモヒトデ目<br>（異名　Myophiuroida）<br>亜目・科への検索表 |
| 1　盤と腕は厚い皮に覆われ，モザイク状に配置された顆粒状骨片をそのなかに含む．いわゆる鱗状の骨片は持たない．腕針は腕の腹側方向に生じる．腕は腹側方向に何重にも巻くことができる．腕骨の関節は砂時計状……ツルクモヒトデ亜目（2へ） |
| －　盤と腕は鱗状の骨片に覆われる（種によっては皮や顆粒が覆う）．腕針は腕の側面に生じる．腕は通常水平方向にのみ動く（ハナクモヒトデ科を除く）……クモヒトデ亜目（5へ） |
| 2　腕骨の腹側には水管と神経が通る溝があり，これは腹側に開いている．腕の末端部の腕節長は短い……（3へ） |
| －　腕骨の口側の溝は閉じている．腕の末端の腕節長は長い……ユウレイモヅル科 |
| 3　体の背側に微小なフックを持ち，これには規則的に並んだ孔構造がない．生殖腺は盤のなかに納まる……テヅルモヅル科 |
| －　体の背側に微小なフックを持たないが，腕の末端部の腕針は，これに似たフックになる……（4へ） |
| 4　生殖腺は盤のなかに納まる……キヌガサモヅル科 |
| －　生殖腺は腕の中部にまで伸長する……タコクモヒトデ科 |
| 5　腕は腹側に巻く．腕骨の関節は砂時計状で，ツルクモヒトデ亜目のものに似る．通常，八放サンゴに絡んで生活する……ハナクモヒトデ科 |

図4－1　検索表の例．Fell（1960）を基に和訳．各番号に当てはまらない場合は“－”の項目に進むことで目的の分類群を同定することができる．

その集め方については、『Zoological Record』という、動物の学名が掲載された著作物を集めた便利な雑誌などを基準に、文献を子引き孫引きで網羅していくというのが一つのスタンダードなやり方である。さらに詳しくは拙著（岡西、二〇一六）で述べている。

文献収集のもう一つの目的は、対象とする動物の形態的な特徴を把握することである。生物の分類は難しい。研究が進んでいる分類群であれば、ある程度の範囲をカバーした、便利な検索表が存在する。検索表とは、そこに示された形態的な特徴について、Yes／No と答えるうちに、最終的に目的の生物が同定（ある生物の学名が既知のものかどうか調べること）できるという便利な代物である（図4-1）。

しかし全ての種が網羅されていないという意味では、この検索表も完全とは言えないし、ある地域限定の種も多い。新種が発見されるのは、当然記載が進んでいる分類群よりは、まだ手付かずの分類群で多いはずだが、そのような分類群こそ検索表などはできていないだろう。

このような分類群を相手にする場合は、もはや自分で検索表（である必要性は必ずしもないが）を作る、少なくとも作れるだけの情報を整理するしかない。さまざまな記載に目を通し、形態情報を整理して、その分類群を研究するための土台、知識を自分のなかに構築する。むしろこれこそが、文献収集の大きな目的である。

そもそも、いくら検索表があったところで、その分類群の形態が把握できていなければそれを読むことすらできない。そのようなわけで、どのみち文献情報の整理は避けて通れない道である。

## ターゲットを定め、歩む

文献を集めるにあたって、ターゲットにすべき分類群選びは重要である。例えば約二一〇〇種を含むと言われるクモヒトデ綱全体から新種を発見できるようになりたい、と思えば、その文献の数は一万を優に超えるし、数年で終わる仕事ではない。さしあたってある程度小規模な分類群にターゲットを絞って文献を集めていくのが得策である。

このときに意識すべきは分類階級ではなく、種数である。例えば前述したように二種しか含まないようなレアな門もあれば五〇〇種を含む大きな属もある（ウィンストン、二〇〇八）。目という高位の分類階級でも、テヅルモヅルを含むツルクモヒトデ目は約二〇〇種である一方、カブトムシなどを含むコウチュウ目は、全動物種の四分の一に相当する三七万種以上を含む（篠原、二〇〇八）。

実際にどれくらいの時間がかかるのかは難しいところだが、例えば数千種を含むような分類群であれば、一人の研究者が一生かけて研究に勤しむような規模である。したがって、十数種から数十種くらいを含む分類群を最初のターゲットとして取り組み、だんだんと幅を広げていくのが無難であろう。また、できれば自分の拠点に近い場所で観察できる（少なくともそういう種が身近にいる）グループにしたほうがよい。

いくら自分好みで恰好よくても、海外産で実物が簡単に見られない動物の文字や図を眺めるばかりでは、その生物の特徴は頭に入らないだろう。また、文字だけではどうしても理解できなかった形が、標本を見れば一発で理解できた、というのは「分類学あるある」で、まさに百聞は一見に如《し》かずである。

さらに、身近で簡単に採れる種は、図鑑に同定の「正解」が載っている可能性が高い。色彩変異や形の変異を全てカバーできている図鑑は少ないし、同定に必要な形の説明が不十分なことがある。ごくたまに、種名を間違えているものも見られる。これは別に筆者の怠慢というわけではなく、生物があまりに多様で、限られた紙面でその生態や形態の変異を全てはカバーしきれないためだ。ゆえに結果的に、簡単には採れない種では、その正確な変異の範囲が載っていない可能性が高く、入門の種としては不適切かもしれない。

対して身近で採れる種というのは、各地で色彩や形態の変異、並びに種を見分けるポイントがよく研究されているため、図鑑にそのような情報が掲載されていることが多い。これにより、自信をもってその種を同定することができる。この「自信をもって同定できる種」の存在は、それを分類の基準にできるという点で、初心者にとって極めて重要である。

自分の手元にある種が同定しきれないということは、その種（またはそれが所属するグループ）の形態を完全に把握できないということである。例えばニホンクモヒトデは日本沿岸でよく採集され、いろいろな図鑑に載っているが、仮に、図鑑に載っていなかったとする。この種は、同じく日本沿岸でよく採集されるトウメクモヒトデに外見が似ているため、もしこちらに間違って同定してしまうと、クモヒトデの同定で用いられている顕微鏡レベルの小さな細かい骨片の形を間違えて把握してしまう恐れがある。実際、ニホンクモヒトデは、背腕《はいわん》板《ばん》と呼ばれる骨片が他の多くのクモヒトデの種とは異なる特殊な形をしているため、もし本種が図鑑に載っていなければ、大事な形態を誤認してしまうことにつながる。

つまり自分の手元にある生き物の既知情報と正確に照らし合わせることができないと、その生き物の形の基準が作れなくなってしまうのである。細かいことかもしれないが、分類を行う上では、このような小さな形態の違いを把握できているかどうかが非常に重要で、それが新種かどうかの判断に効いてくる。また、図鑑は多くの人に扱いやすいよう、そのような細かい形態は省いている場合も多いため、まずは確実に同定できる種で基本的な体の仕組みなどを把握するために、文献情報のきちんとした整理が必要となる。

そうして、来る日も来る日も文献と標本を見比べ、やっと一種が正確に同定できたとする。しかし喜びもつかの間、これからが本番である。採集してきた他の種の観察を続けるとすぐに、文献の情報に記載されていない形態の変異や、文献の間違いなどに気付いたりなどと、自分の周りに生息する生物の観察や、すぐに手に入る図鑑やレビュー論文を見るだけではどうしても解決できない問題にぶち当たったりするだろう。

私が思うに、ここが重要である。ここで、身近な問題で解決できないからと諦めるのではなく、歯を食いしばり、どんなに古い文献であろうが収集し、言語にかかわらず目を通し、あちこち駆けずり回って標本の収集を行えるかどうかが、分類学の一つの分水嶺《ぶんすいれい》だ。諦めずに、古今東西の文献収集と標本観察を継続していれば、突然目の前の生物の特徴が、名前が、スッと理解できるようになる瞬間が訪れる。これは私の実体験や、いろいろな分類学者に話を聞いた経験に基づくが、分類学の入り口でもがきつづけた者には、なぜかこのような臨界点を突破する瞬間が訪れるのだ。

これで第一段階突破である。ここからは、面白いように種の情報が入ってくるだろう。さらに文献を集め、自分のなかで形態的な特徴などが組み立てられてくると、今度は「不足している情報」が見えてくる。一〇〇年前に一度だけ、文章のみで記載されたきりの種で、現在の分類で重要視されている形態的情報が書かれていない、という例などが、まるであぶりだされるように浮き彫りになってくるのである。

ある種が新種かどうかを判断する場合、少なくとも、それが所属する属に含まれる全種と比べ、そのいずれとも区別できることを証明する必要がある。しかし、文献だけではどうにも形態情報が十分に得られない種に関しては、その記載の基になった標本を観察する他ない。

詳しくは後述するが、新種記載の基になった標本は「タイプ標本」と呼ばれ、なかでもその種の学名を担保する担名タイプ標本は、非常に重要である。基本的にこのタイプ標本は博物館で大事に保管されているものであり、正当な理由があれば、現地で観察できる。博物館によっては郵送してくれる場合もあるが、少なくとももしかるべき研究機関・研究室の肩書きを持って請求する必要がある。いずれにせよ、新種を記載するためには、必要とあらば海外にも赴き、タイプ標本を観察しなくてはならない。

このように世界中の文献・標本情報の収集を経て、やっと一人前の鑑定眼を持つにいたるのである。その段階でついに、自分のなかにある基準が備わっていることに気づく。それは、「自分が知らない生物＝新種」ということである。

ここでやっと、自分はその分類群の専門家だと言えるだろう。ある生物を観察して、「これは新種だ」とはじめて思えたときは、自分が「専門性」を持ったと確信できる、人生でも数少ない瞬間であると私は思う。人にもよりけりで、早くても数か月はかかるこの作業であるが、その先に人生でもなかなか味わうことのできない達成感と、新種発見への道が開けている。

## 2　国際動物命名規約

文献・標本の情報が集められたからといって、まだ新種発見の準備が完全に整ったわけではない。分類学者が必ず勉強しなければならないのが「命名規約」である。

命名規約とは、生物に学術的に命名する際のルールを定めた規約で、「国際動物命名規約」(以下、動物命名規約)の他に、「国際藻類・菌類・植物命名規約」「国際原核生物命名規約」がある。動物分類学が始まったのは一七五八年だが、命名規約の基となるストリックランド規約は、その八四年後の一八四二年に公表された。命名規約成立の経緯を簡潔に述べると以下のとおりである。

### 命名規約成立の経緯と仕組み

リンネによる階層式分類体系と二語名法の提案をきっかけに、そのころのヨーロッパ諸国の活発な採集活動によって、世界各地で命名される生物の数は爆発的に増えていった。ヨーロッパに世界各国から次々と持ち込まれ、命名されていく生物の多様性に、当時の人々は目を見張ったに違いないが、それに伴って、さまざまな問題も生じるようになってきた。

図4－2　「国際動物命名規約」第4版.

例えば、同じ種に別の名前が付けられた場合（同物異名）や、別の種に同じ名前が付けられてしまった場合（異物同名）である。また、絶滅し、化石にしか見られない種（化石種）にも現代に生きている種（現生種）と同じく二語名法を適用してよいのか、など、動物の学名が、広く、安定して使われること（普遍性と安定性をもつこと）が難しくなってしまう例が数多く見られるようになった。

そこで、その基本案ともいえるストリックランド規約を経て、改定に改定を重ねて、一九六一年に第一版が出版されたのが「国際動物命名規約」である。最新版は二〇〇〇年発効の第四版である（図4－2）。

しかし国際動物命名規約はかなり難解である。これは、この規約が「法令文」の性質を持つので、あいまいさをなくすため厳密な表現が多用されていることと、各条項が途中で別の条項を引用するという、蜘蛛《くも》の巣状になっているためである。

特に後者の条項の引用のせいで、結局は全ての条項にひととおり目を通し、ある程度全体像を把握しておかないとまともに読み進めることも難しい。それは、本規約の解説文を謳う

『動物学名の仕組み』(大久保、二〇〇六)が、元の規約の二倍以上のページ数になっていることからもうかがえる。

そこで、ここでは動物命名規約が効力を持つ動物や、その適用範囲などの基礎を説明した後に、全体像をつかんでいただくために、命名規約の根幹をなす六つの原理を、具体的な例を挙げつつ紹介したい。

## 命名規約の対象とする生物(動物命名規約　条一)

現在生きているか、絶滅しているか(もちろん化石も含む)を問わず、多細胞の動物を一般に対象とする。多細胞の動物とは、これまで述べてきたように、クジラからアリまで、たくさんの細胞でできた動物のことを指す。

単細胞の生物に関しては、少し事情が複雑である。ホイッタカー(Whittaker, 1969)は、生物全体を、大きく動物界、植物界、菌界、原生生物界(単細胞で細胞に膜のある核を持つ生物)、モネラ界(単細胞で細胞に膜のある核がない生物)の五つに分けた(これは五界説と呼ばれる)。このなかの原生生物界は、動物にも植物にも細菌にも入らないその他もろもろの寄せ集めであり、そこには高校の実験でも使われる単細胞生物であるゾウリムシや、ミカヅキモなどの藻類、並びにアメーバなどの粘菌類が含められていた。

しかもこれらの分類はあいまいな部分が多く、「動くから動物」だとか、「葉緑体をもっていて光合成をするから植物」だとかいった分け方が、必ずしもできるわけではない。そこで命名規約では、「研究者が命名法上動物として扱う場合の原生生物」は、動物として扱うことにしている。つまり、原生生物に関してはその動物か否かの判断を各研究者にゆだねている。

また、家畜化された動物に基づいた学名も命名規約の範疇に含まれる。例えば我々が家畜の「ウシ」として認識している集団は、「オーロックス」と呼ばれる、長い角を持つバイソンのような祖先種（絶滅）が家畜化されたものである。もしオーロックスが生存しているころにウシが野生に戻ると、オーロックスと交配し、徐々にオーロックスのような姿になったと考えられる。すなわち両者は人工的に隔離されたもので、同種（これを便宜上「ウシ種」と呼ぶ）と考えるべきである。

このウシ種に対して用いられた最初の種名は《*Bos taurus*》Linnaeus, 1758であり、リンネが家畜化したウシに命名した。その後、オーロックスは、ボヤヌス（Bojanus）によって、《*Bos primigenius*》Bojanus, 1827と命名された。このとき「ウシ種」に対する命名の優先権は先取権の原理（後述）によって《*Bos taurus*》Linnaeus, 1758にある。

これは特に難しい話ではなく、家畜という人工的に生み出された個体に基づいた命名でも、命名規約はこれを無視しないという、動物の学名の安定性を目指すための条である。しかしウシ種の場合はこれによってかつて混乱が生じた経緯がある。家畜につけられた名前である《*Bos taurus*》は長年正式に扱われず、オーロックスの変異〈亜種よりも低位で命名規約の範疇外〔後述〕〉であることを表す《*Bos primigenius* forma taurus》などと呼ばれ、ウシ種にはオーロックスの名前である《*Bos primigenius*》が用いられてきた（Gentry, 1996）。

この場合、命名規約に則り、ウシ種を《*Bos taurus*》と呼ぼうとしても混乱を招くだけである。そのため、動物命名法国際審議会は、ウシやネコを含む一七種の家畜種では家畜につけられた名前を使わないという判断を下した。したがって、現在ウシ種の学名には《*Bos primigenius*》Bojanus, 1827が用いられている。

ちなみに、家畜のウシを亜種と考える場合はこれを《*Bos primigenius taurusi*》と書くことになる。このような、種か亜種か、といった命名法的行為の判断はあくまでも研究者自身に委ねられ、命名規約はその判断には立ち入らない。

「動物の遺骸《いがい》が代替（置換）された化石」や、「動物の仕業の化石」も命名規約の適用範囲内である。いずれも聞きなれない言葉かもしれないが、置換化石とは、例えば動物の体が砂や泥に埋もれて何億年という長い時間を経るうちに、元の体そのものが、鉱物に置き換わったものである。例えばアンモナイトなどは、黄鉄鉱《おうてっこう》という鉱物に置き換わった化石が知られており、まるで黄金のように美しく輝く。また、動物が死んで遺骸は腐ってなくなったが、その空洞に泥などが詰まってできた化石も置換化石と言えよう。

動物の仕業の化石とは、わかりやすいところで言えば、恐竜の足跡の化石や、巣穴の化石などである。命名規約は、このようなすでに無機物になってしまったものも適用範囲に含める。

その他、寄集群と呼ばれる、読んで字のごとく「寄せ集め」の分類群や、現生の動物の仕《し》業《わざ》に提唱された学名（足跡など）も対象に含んでいる。これは、親が不明な幼体であったり、ゴカイの類が作る巣の管（棲管）だったりするが、本書では詳しい説明は割愛する。

**命名規約が適用範囲とする「階級群」**

界・門・綱・目・科・属・種の標準的な階層をそれぞれ分類「階級」と呼ぶのに対して、上科、亜種などの、それぞれの階級の上位、下位の階級も含めたものを分類「階級群」と呼ぶ。例えば属階級群は属や亜属を含めたものであり、属、亜属はそれぞれ属階級、亜属階級である（表1－1も参照のこと）。

例えばノコギリクワガタ《*Prosopocoilus inclinatus*》はコガネムシ上科（Scarabaeoidea）、クワガタムシ科（Lucanidae）、クワガタムシ亜科（Lucaninae）、ノコギリクワガタ属（*Prosopocoilus*）

に属するが（篠原、二〇〇八；Kim & Farrell, 2015）、コガネムシ上科、クワガタムシ科、クワガタムシ亜科はそれぞれ「階級」であり、三者をあわせて「科階級群」という（ちなみに科階級群には亜科の下に族、亜族という階級がある）。動物命名規約ではこのうちの科階級群、属階級群、種階級群の分類群を対象の範囲とする。したがって、コガネムシ上科より上の、コウチュウ目やカブトムシ亜目に関しては、命名に関する細かいルールは定まっていない。また、ウシの例に挙げたような「変異」といった亜種よりも低位のものに対するルールもない。さらに余談であるが、和名にも命名のルールはない。

以上が、動物命名規約の適用範囲である。次から、命名規約の六つの原理を説明したい。

①二語名法の原理（条五）

これは、第一章で説明した、リンネが通用した二語名法のことである。種名は、属名＋種小名の二語で表され、属名は必ず名詞なので大文字で書きはじめ、種小名はその修飾語なので、小文字で書きはじめなければならない。

例えば、史上最大の肉食恐竜の一つとして知られるティラノサウルスは、普通、《*Tyrannosaurus rex*》を指す。*Tyrannosaurus* が「暴君のトカゲ」を意味する属名で、*rex* は動吻動物の部分でも出てきた、「王」を意味する種小名である（「王」は名詞だが、修飾しているとみなす)。

本種は、アメリカの古生物学者であったヘンリー・フェアフィールド・オズボーンによって一九〇五年に、『Bulletin of the American Museum of Natural History』というアメリカの歴史ある雑誌に掲載された"*Tyrannosaurus* and other Cretaceous carnivorous dinosaurs"(ティラノサウルス属とその他の白亜紀の肉食恐竜)というタイトルの論文のなかで命名された(Osborn, 1905)。

もしこの記載論文のなかで、ティラノサウルスの名前が、*tyrannosaurus rex* と、最初の *t* が小文字になってしまっていたり、*Tyrannosaurusrex* と、属名と種小名が(著者は二つの単語のつもりなのに)一つの単語で書かれてしまっていたとすれば、それだけでオズボーンの、この見事な命名は無効となってしまったであろう。

ちなみに、日本に分布するクワガタムシのなかで最大級のヒラタクワガタには、《*Dorcus* (*Serrognathus*) *titanus titanus*》という四語の種名がついている(諸説ある)。このうち *Dorcus* が属名、*Serrognathus* が亜属名、二つ続く *titanus* のうちの前が種小名、後が亜種小名である。

このように亜属名は丸括弧《かっこ》にくるんで大文字で書き始め、属名と種小名の間に挿入し、亜種名は種名の後に綴る。分類が進み、亜属や亜種が多設されているクワガタムシのような分類群では、ヒラタクワガタのような四語の種名もありうる。

ところで、動物の場合、種名の後に著者名が“《*Squamophis amamiensis*》（Okanishi & Fujita, 2009）”のように丸括弧でくくられていることがある（Okanishi et al., 2011）。これは、その種名がもともと記載された属から所属が変わっていることを示している。例に挙げた種名はもともと“《*Asteroschema amamiense*》Okanishi & Fujita, 2009”として記載されたが、のちに*Squamophis*属に移された（属の変遷が過去に一度でもあった）ことが、種名をみればわかるように工夫されている。

②先取権の原理（条二三）

これは前述した異名、すなわちある一つの分類群に付けられた複数の名前、があることが判明した場合、最も古いものを使うという原理、平たく言えば命名権は「早い者勝ち」ということである。

クサフグというフグをご存じだろうか。腹が白く、背面に水玉模様を持つフグで、日本沿岸に非常によく見られるため、海釣りの経験がある方は一度は釣り上げたことがあるのではないだろうか。餌の「横取り」がうまいためよく針にかかるが、毒があるため食べられず、釣り人には嫌われている。

クサフグには昔から《*Takifugu niphobles*》（Jordan and Snyder, 1901）という種名が用いら

れていた。これは、東京から採集された標本に基づいて、ジョルダン（Jordan）とスナイダー（Snyder）によって記載され、その標本はカリフォルニアの研究施設に所蔵されていた。

しかし最近になってこの《*Takifugu niphobles*》のタイプ標本と、リチャードソン（Richardson）によって一八四五年に中国広東省産の標本に基づいて記載された《*Tetrodon alboplumbeus*》（Richardson, 1845）のタイプ標本が、両方ともクサフグであることが判明したのである（タイプ標本については後述）。つまり、両者は「異名」である。

このとき、クサフグに与えるべき学名（種小名）はジョルダンとスナイダーが記載した*niphobles*か、リチャードソンが記載した*alboplumbeus*かで争うことになるが、後者のほうが先に記載されていたため、これまで日本で用いられていた*niphobles*は無効（*alboplumbeus*の異名）になり、クサフグに用いられる種名は《*Takifugu alboplumbeus*》（Richardson, 1845）ということになる。これはまさに先取権の原理が適用された例で、命名規約の動物の学名の安定性を保証する方針に則っていると言えよう。

異名問題は、動物の命名のなかではかなり頻繁に起きるため、厳密に先取権の原理を適用しようとすると、むしろ学名の安定性が脅かされる場合がある。本来優先権を持つ古い名前が現在ではほとんど使われておらず、新しい名前が現在も頻繁に使われ「通用」している場合は、後述するネコの例のように、優先権が逆転し、通用している名前を用いるようにする

（古い名前を使えなくする）場合もある。

例えばクサフグの場合、もし *alboplumbeus* が最初の記載以来一度も使われていなければ、より頻繁に使われていた *niphobles* が優先権を持ったかもしれない。しかし *alboplumbeus* は少なくとも一九四七年に一度使われ、「ほとんど使われていない」とは言えないため、こちらが優先権を保持しつづけたということだ（Matsuura, 2017）。

**③同名関係の原理（条五二）**

明らかに別の分類群に同じ学名が付けられている場合はこれを「同名」と呼び、解消しなくてはならない（同名関係の原理）。先述した先取権の原理とあわせて理解するべきもので、複数の同名が発見された場合は、先取権の原理に基づき、そのなかで最も古い名前を使用する。

例としてカモノハシが挙げられる。カモノハシは、哺乳類でありながら、乳首がない、卵を産む、といった、他の哺乳類には見られない形質を持つ。また見た目も、和名の示すとおり、鴨のような嘴《くちばし》を持つなど、非常にユニークである。実はこのカモノハシは、同名関係の原理によって、種名の変更を余儀なくされた経緯がある。

もともとカモノハシには、イギリスのジョージ・ショーによって一七九九年に《*Platypus*

*anatinus*》という学名が与えられた。しかしこの *Platypus* はハーブスト（Herbst）によって一七九二年に、キクイムシ類の昆虫の属に対してすでに命名されていることがわかった。したがってこれは、キクイムシとカモノハシに同じ属名が付けられる、すなわち同名関係となる。この問題を解消するため、先に記載されたキクイムシの *Platypus* 属が残され、カモノハシの種名はその後、《*Ornithorhynchus anatinus*》に変更され、今に至っている（Jackson & Grove, 2015）。

ちなみに、一文字でも違っていれば同名ではなく別の学名として扱うが、種階級群名においては、いくつか、一文字違いでも同名とみなす「変体綴り」というものが存在する。

例えば、"*litoralis*"は、浅海性の種の種小名によく使われる「海岸の」という意味のラテン語であるが、これには"*littoralis*"という別の綴り方もある（tが一つ多い）。両者は、同じ意味を持ち、一文字しか綴りが違わないので、別の種に付けられた場合は同名となってしまう。これに対して、"*calidus*"と"*callidus*"も同様に一文字しか違わないが、それぞれ「暖かい」と「賢い」という、別々の起源と意味を持つため、変体綴りではなく、同名とはならない。

### ④第一校訂者の原理（条二四・二・一）

原則として先取権の原理で解決すべき同名・異名関係であるが、それらが同じ年月日に公表された場合は、先取権では解決できない。第一校訂者の原理はこれを解決するため、このような同名・異名を発見した人（第一校訂者）に修正の権利が与えられるということを定めた原理である。

例えばフクロウ属（*Strix*）は、リンネが一七五八年に『自然の体系』のなかで公表した属名である。このなかで、リンネは二種のフクロウ、《*Strix scandiaca*》と《*Strix nyctea*》を公表している。その後、ロンバーグ（Lönnberg）が一九三一年にこの二種を同種と認定した。この時点でこれらは同名であるが、同じ文献のなかで公表されているため、早い者勝ちの勝者を客観的に決めることができず、先取権の原理を適用できない。この場合は、これを発見したロンバーグが第一校訂者となり、学名を選ぶ権利がある。実際、ロンバーグは、《*Strix scandiaca*》を選んだ（Lönnberg, 1931）。現在、この種には *Nyctea* 属が設立されているため、種名は《*Nyctea scandiaca*》（Linnaeus, 1758）である（「国際動物命名規約」第四版より）。

ちなみに、北極圏に生息するこの種の和名は「シロフクロウ」。『ハリー・ポッター』シリーズの主人公が飼っている、その名のとおりの白い愛らしいフクロウである。

⑤同位の原理（条三六）

各階級群の基本となる階級を設立した場合は、その階級だけでなく、階級群全体を自動的に設立したことになるという原理である。

これはかなりわかりにくい原理だと思うが、例えば岡西が二〇二〇年に *Olympic* 属を設立したとする。このときに岡西は、同時に亜属 *Olympic*（*Olympic*）も設立したことになるのである。これは、属の設立当時には問題にならなくても、のちにこの属に亜属が設立されるときなどに考慮に入れるべき問題として浮上することが多い。

ひとつ、実際の生物の例を挙げよう。ネコを記載したのはリンネであり、《*Felis catus*》Linnaeus, 1758という種名が付けられていた。そしてその後、シュレイバー（Schreiber）によって、ヨーロッパヤマネコ《*Felis catus silvestris*》Schreber, 1777がネコ《*Felis catus*》の亜種として記載された（この分類の是非には諸説ある）。このとき、リンネが記載したネコは《*Felis catus catus*》として認識されることになる。

当然、このとき、リンネの認識よりも詳しい形態の違いをもって、ネコ亜種とヨーロッパヤマネコ亜種の区別をつけたのはシュレイバーである。しかしネコ亜種の記載者は、それとネコとの区別をつけた人でなく、リンネ（Linnaeus, 1758）となる。これは、同位の原理によって、リンネ（Linnaeus, 1758）の原記載のなかに亜種に関する言明がなくても、彼が《*Felis* catus》を記載したと同時に《Felis catus catus》をも記載したことになるからである。

ただしネコは現在、《Felis silvestris catus》Linnaeus, 1758と記述することが認められている。これは、先取権の原理に従い、ヨーロッパヤマネコとネコを区別しない場合にヨーロッパヤマネコを《Felis catus》と記述すると、前述のウシ種の例のようにさまざまな混乱が生じてしまうため、二〇〇三年に、動物命名法国際審議会が強権を発動し、ヨーロッパヤマネコとネコの優先権を逆転させたことによる（International Commission on Zoological Nomenclature, 2003）。

もう一例、私の実体験を挙げさせてほしい。私はこの同位の原理に反した命名法的行為を行ってしまったことがある。二〇一三年にツルクモヒトデ目の科階級群の再検討を行った際、この目に含まれるテヅルモヅル科（Gorgonocephalidae Ljungman, 1867）とキヌガサモヅル科（Asteronychidae Ljungman, 1867）が近縁であることを見出した。私は、クモヒトデの分類の歴史を塗り替える発見だと喜び、これらに対してテヅルモヅル上科（Gorgonocephalidea）を新上科として設立した（Okanishi & Fujita, 2013）。

しかしテヅルモヅル上科を「設立」と書いたが、これは間違いである。テヅルモヅル科がリュングマン（Ljungman）によって一八六七年に設立された時点で、同じ科階級群であるテヅルモヅル上科もテヅルモヅル亜科も、リュングマンがこの年にすでに設立したことになる。

つまり私はテヅルモヅル上科の設立者でもなんでもなく、「テヅルモヅル上科に新たにキヌガサモヅル科が含まれますよ」と再定義しただけなのである。

それだけではない。科階級群は、動物命名規約のなかで唯一、語尾の綴りが定められている分類群である。亜族には“-ina”、族には“-ini”、亜科には“-inae”、科には“-idae”、上科には“-oidea”の語尾を定めることが決められている。したがって、テヅルモヅル上科はGorgonocephal<u>idea</u>ではなく、Gorgonocephal<u>oidea</u>と綴るべきだった。私は二つの間違いを同時に犯してしまったのだ。これらの間違いは、いつか第一校訂者となって修正しなくてはならないが、まだその機会には恵まれていない。

⑥タイプ化の原理（条六一）

この原理は、生物の名前の普遍性と安定性を担保するための分類学の基本原理でありながら、極めて重要な概念でもある。

タイプ化の原理とは、動物命名規約の言葉を使うと、科階級群、属階級群、種階級群のいずれかに所属する分類群は全て「担名タイプ」を持つ、ということである。タイプとは、あえて誤解を恐れずに嚙み砕いていえば、ある階級の一つ下の階級の分類群のなかに名前を担うべき「目印」を決めておく、ということである。

一つ、タイプの具体例と、その分類学的重要性を伝える、「ゾウ」にまつわる科学特捜物語をご紹介したい。現在、ゾウの現生種としてはアジアゾウ《*Elephas maximus*》Linnaeus, 1758と、アフリカに生息するアフリカゾウ属（*Loxodonta*）のソウゲンゾウ《*Loxodonta africana*》Blumenbach, 1797と、これと同属のマルミミゾウ《*Loxodonta cyclotis*》Matschie, 1900が知られている。この話の主役は、リンネが記載したアジアゾウである。

リンネは、アジアゾウの命名の際に、自身が手に入れた美しいゾウの胎児のアルコール標本を記載し、同時にイギリスの博物学者ジョン・レイ（John Ray）が他の文献で記録した一個のゾウの歯と一体の骨格標本について言及した。これが、アジアゾウの名前の基準となる、タイプ標本と呼ばれる特別な標本である。タイプ標本は普通このように、最初に新種記載された際に用いられた標本から選ばれる。動物命名規約では、二〇〇〇年よりも前であれば、このような「言及」されただけのものもタイプ標本になることを認めている。

このようにタイプ標本が複数ある場合は通常、名前を担うべき一つの標本（担名タイプ）が選ばれることが望ましい。しかしリンネはこのような指定を行っていなかったため、これらの標本は「シンタイプ」と呼ばれて全て同等の価値を持つ。そしていずれはこのなかから一つがアジアゾウの担名タイプ標本に選ばれるべきである。

ところが最近まで、これらのシンタイプのうち、完全な標本はリンネが記載したアジアゾウの胎児標本のみであるという「問題」があった。なぜなら、アジアゾウとアフリカゾウ属（*Loxodonta*）は、胎児の状態では形態的な区別が付けにくいからである。

そこで二〇〇〇年代の初め、ロンドン自然史博物館の哺乳類担当学芸員であったアンテア・ジェントリー（Anthea Gentry）は、この問題をはっきりさせるために、スウェーデンの博物館に収められたこの胎児の標本を詳しく観察した。さらにコペンハーゲン大学の研究チームとともにこの三〇〇年前の標本の分子レベルの解析も行い、そのタンパク質の構造が、間違いなくアフリカゾウ属であることを突き止めたのである。したがってリンネが記載した完全な胎児の標本は、アジアゾウの担名タイプ標本としては不適切ということになる。

この場合、前述したジョン・レイの標本（一個の歯と一個体の骨格）を担名タイプ標本に指定することができる。スウェーデンの博物館に所蔵されていた歯は間違いなくアジアゾウのものなのだが欠けており、タイプ標本としてはいささか適正に欠ける部分がある。一個体の骨格標本は、少なくともスウェーデンにない。そこで研究チームは、ジョン・レイのラテン語で書かれた十七世紀の調査旅行記を逐一翻訳した末、イタリアのフィレンツェ大学の博物館にあるゾウ骨格標本の形態が、ジョンの記載した、つまりリンネが言及したものと、形態が一致することを突き止めたのである。

この結果を基に、研究チームはアジアゾウの担名タイプ標本（後世に指定された担名タイプ標本はレクトタイプと呼ばれる）を、ジョンが記載したこの骨格標本に指定することができた。少し長い話となったが、タイプ標本とは、多くの科学者がこれほどまでに努力を払ってその所在や正当性を追究すべき価値のあるものであることを、この物語は示している（Cappellini et al., 2014）。

属階級群のタイプ種、科階級群のタイプ属というものはあくまでも概念であり、分類学者の分類学的判断によってその存在や構成メンバーが変わりうる。しかし種階級群のタイプは「標本」である。標本は実体である。それゆえに、タイプを含む標本は分類学ではとりわけ重要な意味を持ち、後の記載の再現性の担保や名前の安定性のために半永久的に、厳重に管理されなくてはならない。また担名タイプは候補が複数あったり、失われていたりする（と信じられる）こともあるため、動物命名規約でも、タイプ標本の扱いについて、六六～七七ページにわたり、七〇以上の条項が制定されている。分類学者が標本の扱いに対して非常に敏感であるのは、このような背景がある。

考えてみると非常にシンプルな概念ではあるが、この担名タイプが決められていなければ、数多の学名の混乱が引き起こされるのは明らかであり、その意味で重要な原理といえる。と同時に分類学に独特の原理でもあるため、少し理解が苦しい部分もあるかもしれない。本原理に関しては、他の分類学の教科書（例えば、馬渡、一九九四：松浦、二〇〇九：藤田、二〇一〇）も参照してほしい。

以上、非常にざっくりとではあるが、動物命名規約の六つの原理を説明してきた。もちろん他にもさまざまな重要概念が存在するが、動物命名規約の条項の多くは、「過去にあった事例」に対して制定されたものであることが多い。そのため、そういった細かい部分に立ち入るのは避け、具体例にはなるべく身近な種を挙げて説明してみた。この節で、分類学と切っても切り離せない規約のその「雰囲気」だけでもつかんでもらい、動物の命名に親しみをもってもらえれば幸いである。

**Column** 化石のニンジャタートルズ——学名のはなし④

《*Ninjemys oweni*》は更新世から頭骨だけが発掘されたカメの化石種である。この種小名は、十九世紀の著名な生物学者であり、この種を*Megalania*属に所属させたリチャード・オーウェン（Richard Owen）に献名されたものである。

一九九二年に、アメリカ自然史博物館のユウジーン・ガフニィ（Eugene S. Gaffney）は、この興味深い形態を持つカメに対し、新属*Ninjemys*を設立した。この属名は、ごつごつした骨格に対して用いられたNinjaを意味する“*Ninj*”と（単語を合成するので語感をよくするためにaは省略される)、ラテン語で「カメ」を意味する*"emys"*の合成語である。これで、この種名は"Owen's Ninja Turtle"を意味することになる(Gaffney, 1992)。

## 3　キイロショウジョウバエと動物命名法国際審議会

キイロショウジョウバエ《*Drosophila melanogaster*》Meigen, 1830は、「超」のつくモデル生物である。モデル生物とは、飼育・繁殖などの実験方法が完全に確立され、さまざまな生物実験に用いられている生物のことである。

モデル生物は概して小型（といってももちろん目に見える程度）で生活史が短く、飼育が簡単な種が多い。他には動物でいえば前述した線虫（シー・エレガンス《*Caenorhabditis elegans*》）や、ハツカネズミ《*Mus musculus*》、*Oryzias*（メダカ属の魚類の総称）などが有名どころとして知られる。海産動物ではカタユウレイボヤ《*Ciona robusta*》（分類学的にはこちらの種名に優先権があるが、《*C. intestinalis*》という種名が一部の学派では通用している）など、植物ではシロイズナズナ《*Arabidopsis thaliana*》やイネ《*Oryza sativa*》などが知られる。

キイロショウジョウバエの含まれる*Drosophila*属について、近年、十分なデータに基づくDNA解析が行われたところ、どうやら二属に分ける必要があることが判明した。そして、キイロショウジョウバエは、*Drosophila*属ではなく、*Sophophora*属に所属することがわかったのである（O'Grady & DeSalle, 2018）。

そうなると、キイロショウジョウバエの学名（種名）は、《*Drosophila melanogaster*》から《*Sophophora melanogaster*》に変更する必要がある。これに対して、キイロショウジョウバエに関する論文の数は、年間で相当な量に上っているため、その種名が変わってしまうと、大変な混乱が起きてしまうのではないかという議論が巻き起こった。

そこで、キイロショウジョウバエを *Drosophila* 属のタイプ種に変更して、本種の学名を《*Drosophila melanogaster*》のまま保っておけないか、という提案がなされた（van der Linde et al., 2007）。このように命名規約では解決できず、その必要性が諮られるべき案件であれば、動物命名法国際審議会に審議を依頼することができ、審議会の「強権」が発動されれば、その案件が認められることがある。

しかしこの提案に対する審議会の回答は「No」であった。二七人の審議員のうち、二三人が反対という票差をもって、この訴えは退けられることとなった（International Commission on Zoological Nomenclature, 2010）。

先述したように、生物は多様である。どれだけたくさんのデータをもって研究を進めようとも、ある生物における、一〇〇パーセント間違いのない分類などなしえない。今後、*Drosophila* 属についてさらに研究が進んで、実はキイロショウジョウバエは *Drosophila* 属のタイプ種が含まれる属への分類が妥当だったと判明するかもしれない。そうすると、もし

*Drosophila*属のタイプ種をキイロショウジョウバエにしていると、今度は別の新属を立てることになり、事態は余計に複雑化する。少なくとも現時点ではこの審議会の判断は妥当だったと言えるのではないだろうか。

### *Column* 長い長いウニの学名――学名のはなし⑤

日本人が世界に誇る和食。その王道で、天婦羅《てんぷら》と双璧をなすものといえば「寿司」であろう。そして寿司のなかでも高級な食材といえばウニである。日本で最も漁獲量が多く、我々が最もよく目にしているのは「エゾバフンウニ」であるが（図4-3）、その学名は《*Strongylocentrotus intermedius*》と非常に長ったらしい（二九文字）。

この属名は"*Strongylo-*"という「球形の」の意味の接頭語と、「針状の物」を意味する"*centrotus*"の合成語である。後者はウニを意味することもあるため（小野編、二〇〇九）、「球形のウニ」という意味になる。

種小名の"*intermedius*"は「中間の」という意味のラテン語である。命名者のアレキサンダー・アガシ（Alexander Agassiz）は、もともとはこれを《*Psammechinus intermedius*》という名前で記載した。この属名は一二文字とそれなりに長い単語である

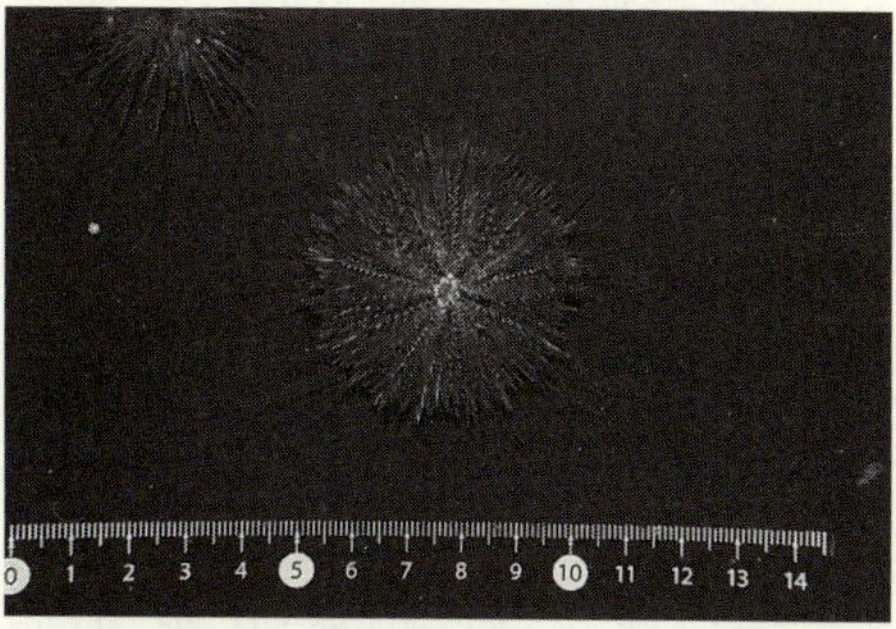


図4－3　福島県小名浜産エゾバフンウニ．写真撮影：幸塚久典（東京大学）．

が、種小名の *"intermedius"* が後に、*Strongylocentrotus* 属に移されたために、二九文字という長大な名前が生まれたのである。ただしもちろん、今後もこの学名は、属が移ってさらに変わっていく可能性はある。

アガシの論文では種小名の由来に関する言及はない（Agassiz, 1864）。察するに本種は、*Psammechinus* 属では何らかの種の「中間」的な形態を有していたものと思われる。その後に属が移され、他の種がたくさん記載されてきたため、このような形態の程度を表す種小名が形骸化してしまったのかもしれない。

## 4　歴史に埋もれた新種——誰も知らなかったサザエの学名

もう一つ、命名規約を彩る新種発見のエピソードを。日本の食卓を彩る海産物、なかでもサザエといえば、みなさんの舌を楽しませる高級食材として有名である。我々の祖先が古来連綿と食べつづけてきたこのサザエが、実は最近になって「新種」と認められたという事実を、みなさんはご存じだろうか。

日本の近海に生息し、我々がサザエと認識している貝の学名には、《*Turbo cornutus*》の名前が用いられていた。しかし実はこの学名は、日本近海ではなく、中国に産するナンカイサザエに用いられるべき学名であった。サザエに対しては、いくつか学名が与えられた経緯があったが、それらは命名規約の関係上、現在では認められない学名となってしまっている。したがってサザエは長い間、「名なし」状態であったのだ。そこでこのことを見出した岡山大学の福田宏《ふくだひろし》氏が、二〇一七年、サザエに対して《*Turbo sazae*》という学名を与えた（図4-4）。

この「新種」発見について特筆すべきは、その経緯の複雑さである。サザエ《*Turbo sazae*》は食用で、日本近海で広く見られる種だけあって、古くから多くの学者によって記録され、さまざまな学名が付けられてきた。しかしそれらが全て無効な学名であることを、福田氏は古今東西のサザエに関する文献に目を通し、動物命名規約に従って実に緻密に議論している。その経緯を以下に説明してみたい。

まずは背景として、近年のDNA解析の結果について説明する必要がある。小澤《おざわ》智生《ともお》氏・冨田《とみだ》進《すすむ》氏は、当時日本・韓国・中国に広く分布していると思われていたサザエ《*Turbo cornutus*》のDNA解析を行った結果、日本・韓国の個体群と中国の個体群が別種であると指摘した。そして中国産のナンカイサザエに《*Turbo chinensis*》Ozawa & Tomida, 1995という名前を与えた。

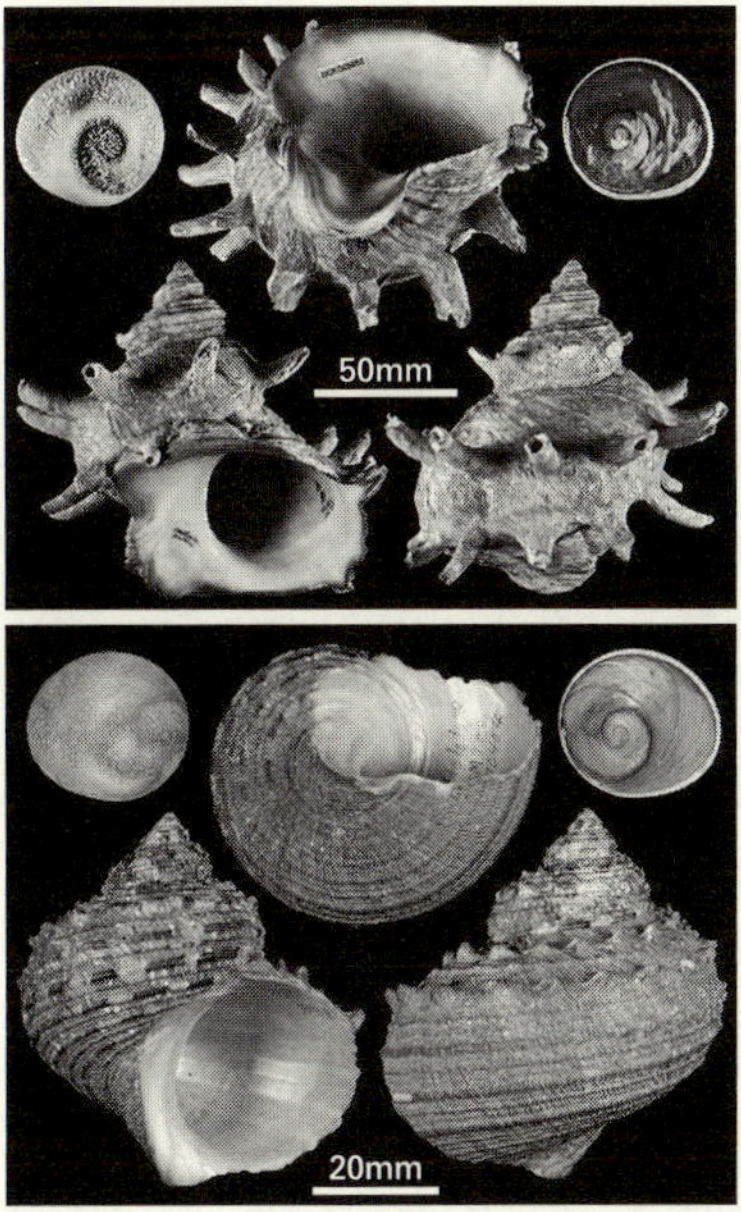

図4－4　サザエ（上）とナンカイサザエ（下）.『Molluscan Research』より許可を得てFukuda (2017) より転載.

両種はともに、棘を持つ・持たないという変異を含むが、棘を持つ個体同士では棘の間隔や列の数から、両種の識別は容易である。しかし、このサザエの学名である《*Turbo cornutus*》の原記載を比較した結果、驚くべき事実が明らかとなったのである。

《*Turbo cornutus*》は、もともとはアメリカの自然史標本収集家であったマーガレット・ベンティンク（Margaret Bentinck）の私設博物館が閉館となる際に、オークションにかけられた標本のリスト中で付けられたものである。

この一七八六年に出版されたリストの著者ジョン・ライトフット（John Lightfoot）は、そのなかで、ダヴィラ（P. F. Davila）が一七六七年に図示した個体に対して《*Turbo cornutus*》の名前を与えていた。この個体は図から明らかにナンカイサザエと判断できるが、その標本の所在はこれまで不明なままである（Dance, 1986）。このような場合は命名規約上、ダヴィラの描いたこのスケッチ自体を、前述した担名タイプとして扱うことにしてかまわない。

したがって命名規約上も誤りではなく、ライトフットが記載し、近年までサザエに対して与えられていた《*Turbo cornutus*》は、実はナンカイサザエのものであったことになる。つまり前述した Ozawa & Tomida は、DNA解析の結果、《*Turbo chinensis*》という名前を、名前がないと思いこんでいたナンカイサザエに与えてしまったのである。

ダヴィラ以後、日本のサザエに詳しく言及したのはリーヴ（Reeve, 1848）であった。彼は著作のなかで、形態的に日本と韓国から採集されたことが明らかな「サザエ」を図示している。

しかし不幸なことに、彼はこの個体をナンカイサザエと同定してしまったのである。さらに彼は同じ著作のなかで、棘のない日本産のサザエの個体と、モーリシャス産の全く別の種の個体に対して、《*Turbo iaponicus*》という名前を与えた。このとき、前者の個体が《*Turbo japonicus*》の担名タイプとされれば、サザエの名前は《*Turbo japonicus*》で決まりだった。

その後、キーナー（Kiener）とフィッシャー（Fishcer）が、《*Turbo japonicus*》の名前をモーリシャスの種に与えてしまったことにより、日本産のサザエに対してリーブが一度は与えた《*Turbo japonicus*》は無効となり、「日本産」という意味の種小名の《*Turbo japonicus*》が、サザエに与えられるチャンスは逸せられた。

国内に目を向けると、貝類学者であった波部《はべ》忠重《ただしげ》氏がサザエと思われる種について、《*Ocellatopoma japonica*》Habe, 1950と《*Turbo yamaguchii*》Habe, 1967という名前を与えている。しかしこれは命名規約の公表の要件を満たさない雑誌や、切手の描写に対して付けられた名前だったため、いずれも学名として不適切である（Fukuda, 2017）。

このように、福田氏による二五〇年分の文献の緻密な精読の結果、なんとあの有名なサザエにおいて、これまでに有効な名前が付けられたことが一度もないことが明らかとなったのである。この結果を受けて、福田氏はサザエに《*Turbo sazae*》Fukuda, 2017という種名を命名した。岡山大学のプレスリリースではこう述べられている。

……「サザエ＝*Turbo cornutus*である」「日本産も中国産も同種である」という2つの間違いがほとんど検証されることなく盲信されて来たため、誰もサザエに学名がないなどとは思わなかったからです。唯一例外的に、日本産と中国産を別種と正確に見抜いた小澤・冨田も、「サザエ＝*Turbo cornutus*」という根本的な勘違いから自由になれず、新たに命名しなければならないはずのサザエを先人に倣って「*Turbo cornutus*」（原文では「*T.cornutus*」）とし、命名する必要のないナンカイサザエを「*Turbo chinensis*」（同前）と名付けてしまいました。

なかなか複雑な例だが、この研究から我々が学ぶべきことは大きい。このような間違いを誰も正せなかった理由の一つに、ダヴィラやライトフットの論文は日本の研究機関には所蔵されていない希少本であり、インターネットへの古文献の公開が始まる前までは、閲覧すら難しかったことが挙げられる。

文献の収集は分類学者の使命であるが、それでも全ての論文を完全に網羅することは難しく、手間がかかる。また、「サザエのような有名な種の学名に間違いがあるわけがない、誰かが整理しているはずだ」という思い込みが分類学者にあったということも否定できないだろう。

よく知られている種、つまり見つけやすい種というのは、命名規約の六つの原理の例で示したとおり、往々にしてかなり古くに記載されていることが多い。そのため、サザエくらい有名でありながら、分類が混乱している種が存在する可能性は十分考えられる。このような有名種の名前の整理は非常に重要なのだが、複雑な経緯をたどらなくてはならないため敬遠されがちであった。

しかし文献がインターネット上で手に入りやすくなり、DNA解析という、形態に比べて客観性の高いツールを併用することにより、このような名前の混乱も整理しやすくなる時代が訪れようとしている。

*Column*　さまざまな種小名の文法パターン——学名のはなし⑥

古くから種小名に用いられてきたのは形容詞であるが、さすがに一八〇万種を超えた現在では形容詞のパターンも枯渇しはじめている。今では実に多様な種小名が動物に付けられているので、ここではいくつかの種小名のパターンを紹介したい。

まず、地名に基づく種小名はよく付けられる。サザエに一度つけられた《*Turbo chinensis*》は「中国産の」の意味である。China（中国）という地名に“-ensis”を伴うことで（Chinaの最後のaは、語感をよくするために消される）、形容詞として扱われる。*japonicus*も「日本産の」の意味であるが、これはJapon（Japanのラテン語綴り）に“-icus”の接尾辞を加えたものである。

人の名前にちなんだ（献名）種小名も多く知られる。男性の個人名に基づく場合はその名前の最後に“-i”、女性の個人名に基づく場合は“-ae”が付される。ゴブリンシャークの名前で知られる深海性のサメ、ミツクリザメの種名は《*Mitsukurina owstoni*》であり、三崎臨海実験所の初期に、実験所にさまざまな動物を持ち込んだイギリス人の貿易商、アラン・オーストン（Alan Owston）に献名されたものである。属名の*Mitsukurina*は、このサメを、記載者のデイビッド・ジョルダン（David Jordan）に渡米して渡した、当時の実験所所長の箕作佳吉にちなんでいる。

ちなみに、船はラテン語を含む多くのヨーロッパ言語では女性名詞として扱われるので、船に献名する名前には“-ae”を付ける。例えば蒼鷹丸《そうようまる》という船にちなむ場合は、*soyomaruae*や*soyoae*という種小名にする。

この他、発音さえ可能であれば、ランダムに文字を並べただけの意味のない単語を種小名としてもよい。ニュージーランドで記載されたクモの *"hinaka"* という種小名は、意味のない種小名である。このようにして作った名前は、語尾変化しない。

# 第五章　これからの分類学

磯の観察会の様子．2018年 6 月18日，附属臨海実験所周辺にて．
右奥が著者．写真撮影：米田圭織（一般社団法人学士会）．

ここまでで基礎的な知識とその作法、特に新種を記載するための方法を中心に分類学の実践を説明してきた。また、未記載種の数も膨大であることも述べてきた。私の経験から、分類学はとにかく情報の整理が重要であるとつくづく思うし、ある程度そのことはご理解いただけたかと思う。そしてそれゆえに、なかなか気軽に飛び込めない難しい分野という印象を受けた方もいるかもしれない。

しかし、最近のインターネットの普及を中心とする科学技術の発達によって、この状況は変わりつつある。具体的には、情報の共有によって、誰でも分類学に関わることができるようになっている。それどころか、分類学のあり方も確実に変わりつつある。分類学は、より積極的に他分野にかかわり、最先端の学問として生まれ変われると私は思っている。

本章では、私が若手の科学者目線から見た分類学の現状や、これからの分類学が取りうる未来を述べてみたいと思う。

## 1　生物の数と分類学者の数

### 未記載種の本当の数は?

「分類学」の名を冠した著書には多くの場合、地球の潜在未記載種数に比べて、分類学者の数が圧倒的に不足していると言わざるをえない状況である、と書いてある。果たしてそうだろうか。ここで、分類学(者)が相手にしなくてはならない生物の種の数から、分類学の未来について少し述べてみたい。

動物の数だけでも、多ければ一億種以上に上ると見積もられると前述した。それは多すぎだとしても、一〇〇〇万種は下らないのではないか、というのが大方の意見だ(馬渡、一九九四:藤田、二〇一〇など)。これに対して、コステロ(Costello)らは二〇一三年に、興味深い統計データを発表している。彼らによれば、一億種という数は、ある特定の地域の既知種の数から全体を見積もったり、深海種や昆虫の種数を多く見積もりすぎていたりと、いくらか統計的な問題があるという。

彼らが新たに推計したところ、バクテリア以外の核膜を持つ真核生物の数は五〇〇万種±三〇〇万種程度に落ち着きそうだということである（Costello et al., 2013）。つまり、一〇〇〇万種でも多く見積もりすぎで、少なければ二〇〇万種にまで絞り込まれる可能性もあるのだ。

彼らは分類学者の数も算出している。分類学者を「新種を記載している人」と広く定義した場合、イギリスでは、その数は一九六〇年代に比べて二〜三倍に増加しているそうである。全世界の文献と機関を調査した結果、世界で三万〜四万人と見積もることができるという。

また、海洋・陸上生物のデータベースの調査から、二〇〇〇〜〇九年に、八六〇〇人以上の著者が三万四八四種を記載しているという、著者とその記載種数の対応がつく実測データが得られている。この種数を、この期間に実際に全世界で記載された一六万六〇〇〇種（著者との対応はとれていないデータ）という数に当てはめて単純比をとれば、新種記載をした研究者の数は約四万七〇〇〇人と見積もることができる。それなりの数ではあるが、これは一人の研究者が数種（平均三・五種）しか新種を記載できていない、すなわち、現代における新種発見が困難になってきていることを意味する。

ただし、二十世紀に海産生物の新種記載を行った研究者のうち、四二〜四四パーセントの研究者が一〇年間で一種しか記載していないというデータもある。これは結局、特定の分類学者が日々、多数の新種を記載していることを意味しよう。

このような状況のなか、近年の年間新種記載数は増加の一途をたどっており、二〇〇六〜一三年の平均は一万八〇〇〇種に上っている。このペースで増加すれば、二〇四〇年には、二〇〇万種という、コステロらが予測する最低種数を記載しきる計算となる。五〇〇万種であれば、二二二〇年までかかる見込みだ。もし記載スピードが年間二万種に上がれば、二一〇〇年には三五〇万種近くを記載できることになる（Costello et al., 2013）。

記載のペースが上がってきたことには理由がある。詳しくは後述するが、近年、分類学における環境の整備が著しく進んできているためだ。それを支えるのは何と言ってもインターネットの発達で、収集が困難であった古文献のＰＤＦや、異名情報のリスト、世界各地の標本情報がネット上で公開されはじめたのだ。今はまさにその過渡期にあり、私は情報整理の苦難もインターネットの発達による恩恵も両方を味わってきた。その経験から考えると、この現状はすべての分類学者にとって歓迎すべきものであることは間違いない。

## 分類学は「終わりのない学問」なのか

これまで、本書でも述べたように、「未記載種の数はあまりに膨大で、分類学はそれに対して全く進んでいない」と言われていた。確かにこの論法で行けば、分類学は貴重であり、まだまだ必要とされるべき学問であるかもしれない。しかし別の見方をすれば、全く終わりの見えない、人類の業《ごう》であるかのような悲観的なイメージも伴う。

分類学者は、これまでどおりの記載を、粛々《しゅくしゅく》と、あと何百年も続けることになるのか。人は、自分の認識できる範囲からあまりにスケールが外れたものに対しては、目を背けたくなってしまうものである。だったら、と、すぐに形が得られるものに目を向けてしまうのは、当然のことかもしれない。それよりも、努力次第では、二〇四〇年には地球上の生物は全て把握できるかもしれない、という希望や目標があれば、それを達成しようという気持ちも生まれてこよう。

そうでなくても、その活動によって、未記載種の数がより正確に把握できたとすれば、そこでまた新しい目標ができ、新たな活動が生まれるという良循環も起こるかもしれない。

私の周りの近年の動物分類学の動向だけを見ていても、潜在的な未記載種は、すでに既知種数の二倍くらいは見つかりそうだと、個人的には思う。とすれば、コステロらの二〇〇万種という最低未記載種数は、やはり少なく見積もりすぎかもしれない。実際、その後アメリカのウイルス学者であるラーセン（Larsen）らが発表した論文では、最も種数の多い節足動物に隠蔽種がいないと仮定して少なく見積もっても、地球上の動物種は一五〇〇万に上るという推定結果が得られている（Larsen et al., 2017）。

それでもこれらの推定結果は、我々に「目標値」を与えてくれる。これまでは半ば悲観的な、「分類学は終わりのない学問だ」という主張が多かった。しかしラーセンらの推定は、「地球の全種を把握する」という、人類の共通の目的を掲げ、その主な役割を分類学が担うというポジティブな方向性を我々に提示してくれているのかもしれない。

実際、分類学者が今の倍に増えれば、それだけで全種の記載までの年数は半減するはずである。分類学者が増えるためには、まずは分類学者自身の活発な活動と、その受け皿の増加が必要である。そして少なくとも前者については、次項に述べるように、近年になって盛り上がりを見せつつある。

### 成長株の学問、分類学

日本においてはどうだろうか。一年に一度、動物分類学者が一堂に会する日本動物分類学会大会があるが、ここ一〇年ほどの参加者数の推移を見ると、開催場所にもよるが平均一〇〇人前後となっている。日本動物分類学会は固有の分類群別の学会を持たない分類学者の集まりという側面が大きく、日本魚類学会、日本昆虫学会、日本甲殻類学会、日本古生物学会、日本哺乳類学会などにも分類学者は多いだろう。それでも一〇〇人ほどという人数が日本の

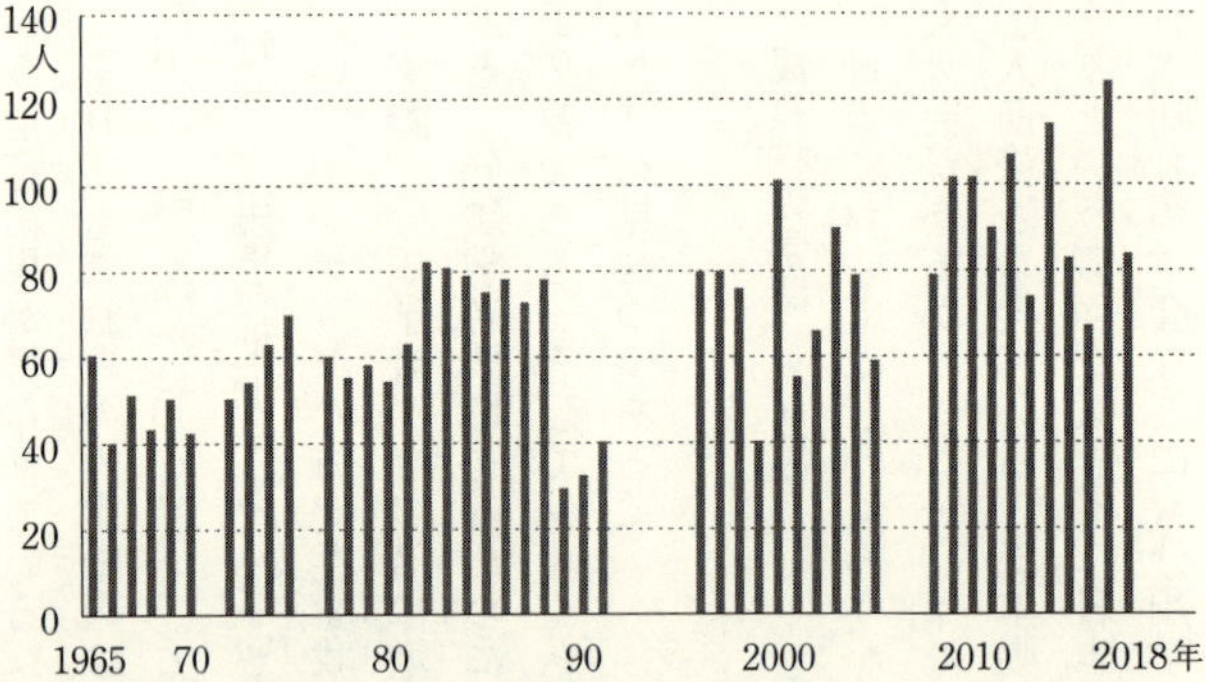


図５－１　日本動物分類学会大会の1965～2018年の大会参加者数の推移．日本動物分類学会HPより集計．

分類学者数の一種の指標になると考えて差し支えないように思う。

この一〇〇人という数は、学会が発足したときからすると、かなり増加したものだということがわかる。一九六五年の参加者数は約六〇人、そこから私が初めて日本動物分類学会に参加した二〇〇八年までは、一〇〇人を超えた年は二〇〇〇年に一度だけで、八〇人を超えるのが珍しいくらいだったのだが、この年を境にそれ以降は、一〇〇人以上が参加する年が多くなっている（図５－１）。

若手の研究者は明らかに増えており、日本動物分類学会はここ一〇年で活気づいていると言える。このように「成長株」であることは近年、凋落《ちょうらく》が叫ばれている日本の科学界にとっては大きなプラスと言えないだろうか。

分類学は今後、科学のなかでどのような存在に成りうるのか、そして他分野とはどのようにかかわっていくのか。ここからは、今後分類学が取りうる展開、戦略を、私のわかる範囲で述べていきたい。

## 2　情報化によって生まれる「新しい分類学」

私は、最終的には分類学は、ほとんど自動化できる学問ではないかと考えている。というのも、分類学は近年の情報化と相性がよいからである。このような情報化、デジタル化によって従来よりもはるかに効率的に作業を進められるのであれば、それは次世代の分類学と呼んでもよいかもしれない。

### 文献整理はコンピューター任せ

分類学で最も時間を取られる作業は、既存情報の整理である。裏を返せばこれは、文献それ自体、文献の記載情報、標本の所在情報、種の識別情報などを整理し、紙媒体で所有していることが分類学者としての第一のアイデンティティであることを意味する。

しかしそれゆえに、いいか悪いかは別として、「文系に近い学問」「一人前になるまでに時間がかかる」「敷居が高い」といったイメージが付きまとっているように思う。少なくとも私は、分類学を志して最初のうちは、フィールドを駆け回るイメージからあまりに外れているコピー取りの日々という現実を受け入れるのに、若干の時間を要した。

これは逆に言えば、コピーや文献の整理の手間を効率化によって削減できるのであれば、分類学の敷居はグッと下がり、親しみ深い学問に変わることにつながらないだろうか。これを可能にするのは情報の「オープン化」であろうと私は踏んでいる。

そもそも文献というのは過去の情報なので、その整理というのは、基本的には一度なされれば終わりのはずである。しかし整理された情報のシステム化があまり進まなかったため、分類学の初心者は、文献情報の整理からはじめざるをえない状況であった。これは時間の無駄である。整理された情報が公開・共有されれば、その後の分類学者が苦労することはなくなるわけである。

すでに分類学では、「レビュー論文」という形でこれが行われてきた。レビュー論文はいつでも、新人の分類学者を、ある段階まで導くものである（岡西、二〇一六）。しかしレビュー論文は並大抵の努力では書きえない。新種の論文を書くより、レビュー論文を書くほうがよっぽど難しいと私は思う。意気込んでいざ書きはじめてみると、意外に不足している情報が多かったり、海外の標本観察が必要だったりして、頓挫《とんざ》してしまうのである。

近年になってこの状況は変わりつつある。インターネットの発達は、さまざまな情報の共有を可能にした。もはや（古）文献はかなりの部分をネット上で入手できる。しかも、そのテキストが電子媒体で手に入るので本文中の学名の検索も可能だ。

分類学者にとって文献の収集が大きな意味を持つのは、それが「異名リスト」の作成に不可欠だからである。異名リストとは、その名のとおり、ある種にこれまでに付けられたことのある異名のリストである。例えば我々が記載した《*Squamophis amamiensis*》はこれまで、《*Asteroshcema amamiense*》として記載した原記載（Okanishi & Fujita, 2009）の他、分子系統解析を行った論文（Okanishi & Fujita, 2013）でも名前を掲載している。これらの文献情報（著者名、発表年、掲載ページ数、図版番号）を以下のように全てリストするのである。

*Squamophis amamiensis*（Okanishi & Fujita, 2009）
*Asteroschema amamiense* Okanishi & Fujita, 2009: 115-129, figs. 4-6, 7B-D, 8; -Okanishi et al., 2011: 6.
*Squamophis amamiensis*.-Okanishi et al., 2011: 6, 13; Okanishi & Fujita, 2013: 568, 571, Fig. 1.

ここでは、最初の *Squamophis amamiensis*（Okanishi & Fujita, 2009）が見出しであり、*Asteroschema amamiense* が最初に記載されたときの名前で、その後に続くのが、その名前で公表された文献の発表年、ページ数、図番号である。そして *Squamphis amamiensis* が原記載の名前以外で公表された名前と、その文献リストである。文献の著者の前に“-”が来ているのは、それが原記載者ではないことを表している。このように、異名リストは、それを見るだけで、その種の名前の変遷がわかるようになっているのである。そしてこの異名リストはインデックスであり、各文献にアクセスするための詳しい情報（雑誌名、巻号など）は記載論文の最後の「引用文献」の節に掲載してある。

このようにマイナーな種や比較的最近に記載された種であればほんの数行で終わる異名リストだが、分布域が広かったり、昔に記載された種では、異名リストが膨大になったりする。例えば前述したサザエの異名リストは、八〇行近くに及んでいる（Fukuda, 2017）。

しかしある種の分類を行うために、この異名リストは不可欠である。これらが揃《そろ》ってはじめて、その種のその時点での分類学的地位が把握できる。もしその種で通用している名前が無効であることが判明した場合は、その種に新種名を与える前に、過去の異名リストに充てるべき適当な名前がないか、完璧に精査する必要がある。

このような異名リストは、昔は紙ベースでつくる必要があったため、異名リストノートなどに情報を書き込んでいたが、これも現在インターネット上で着々と整理されつつある。例えば海産動物の場合は、WoRMS（World Register of Marine Species）と呼ばれる、その分野の専門家が代表となって文献情報を整理したデータベースがある。その特徴は、データベースに詳しいＩＴ技術者ではなく、研究者自身がデータベースの編集者となる点である。そして、その研究者は、自分の認める研究者を編集グループに含めることができる。

これは一見データの偏りを生むように見えるが、大多数の研究者が協力して整理するよりはずっと仕事の進みが早い。人が多すぎると、全員の意思を統一するのに時間がかかりすぎるのである。

前述したように、分類学のデータベースは「過去の記載」を相手にするため、基本的には答えは一つである。となると、多数の人が関わって最初の担当決めの段階から議論がこんがらがってしまい、船が海に出るまでもなく山に登ってしまうよりも、一人の専門家が頑張ったほうが仕事は進む。拙速かもしれなくても果断に答えを一つに決める勢いは、分類学だけでなくどの学問でもかなり大事なものだ。

いずれにせよ、WoRMSの登場によって、少なくとも海産動物においては（完全ではないにしろ）異名情報が公開され、インターネットによって、誰もが利用できる、オープン化という悲願が達成されつつある。

## 標本情報のデジタル化がもたらす効率化

さらには、これまで各地の博物館などに赴いて直接観察しなければならなかった標本（特にタイプ標本）の形態情報についても、今は多くの博物館で写真のネット公開が始まっている。それも、平面の写真データだけでなく、最近発展の目覚ましいマイクロフォーカスＸ線ＣＴスキャナーによって、三次元の立体的な情報を含めたほぼ完全な標本のデジタルデータが研究室のＰＣで閲覧可能になりつつある。

実際、アメリカ・ワシントン大学のアダム・サマーズ（Adam Summers）教授は、地球上の魚類三万種全てのスキャンデータを公開することを目標に、"Open Science Framework" というウェブサイトを立ち上げ、次々に魚類の形態データをネット上に公開している（https://osf.io/）。

これは分類学者にとっては大きな福音である。特に、博物館に所蔵されているタイプ標本などの過去の標本情報がオープンにされれば、それにまつわる混乱を最小限に抑えることができる。

第四章で、分類学者は究極的には世界中の標本を見て分類学的情報を整理しなくてはならない、という話をしたが、実際にはそれは相当な労力を伴うので、文献で確認できる情報を頼りにせざるをえない部分もある。その際、文字情報や、写真や図に落とし込んだ二次元情報だけに頼る分、形質の誤認も起こりうる。それが重要な情報であった場合、伝言ゲームのようにその情報はどんどん姿を変えてしまい、最終的に全く別の形質として判断されてしまうことだってありえる。

標本のデジタル情報に誰もがアクセスできれば、形態情報の誤認識とそれに伴うエラーの継承はほとんどなくせるはずである。また分類学だけでなく、動物学、生物学全般にとってもこれは歓迎すべきことである。生物の形態データは宝の山で、見る人によって得るものが異なる。これまで分類学者にとっては「普通」だった魚の形態データから、思わぬ発見が他の学者から見出されるかもしれない。また、3Dプリンターの機能が向上し、このデータから、「実物」をプリントアウトすることが可能になれば、形態把握の精度はさらに高まるだろう。

形態情報がデジタルデータにできると、さらによいことがある。それは「標本整理の手間の削減」である。分類学者が標本整理に費やす時間は、思いのほか大きい。自分が各地で採ってきた標本を、学術研究に耐えられる形にし、後の誰が見ても利用できる状態、つまりラベルと標本が間違いなく一致する状態を半永久的に保つ必要がある。そしてその標本情報を間違いなく標本台帳に記録していく。

液浸《えきしん》の標本であれば保存液のエタノールの量のメンテナンスが必要になる。これは標本瓶の状態にもよるが、密閉度が低い容器に入れてしまったり、瓶の一部に損傷があったりすると、数年で液が全て蒸発してしまうこともある。これらを細かくメンテナンスしつつ、そのなかから自分の研究に必要な標本を取り出し、観察し、データをまとめていく。研究歴が長くなればなるほど標本は膨大なものになり、目的のものを探し出す時間も馬鹿にならない。

ところが一度デジタルデータ化してしまえば、このような標本の整理にかける時間は、格段に減らせると私は思っている。特に、標本の紛失や配架間違いのようなミスは、実体を扱う限りどうしても生じてしまうが、デジタルデータであればPCを確認するだけで済むのだ。

これまで分類学の巨人たちが築き上げてきた情報を我々は、インターネットという、いわば人類の巨大な共通の脳に、次世代に伝えうる形で着実に蓄積しつつあるのである。

おそらくこの過去の情報の整理は近いうちに、早ければ一〇年以内にほぼ完全に終了するだろう。文献でいっぱいだった巨大な書架の代わりに増やすべきは、自分のPCにつながったモニターだ。それを文献とCTデータの表示専用にすればいいのである。

ただし、これはあくまでも文字情報の整理の話であり、実際の分類学的な作業――どの分類群に、どの名前を割り当てるべきなのかを決める――は、むしろこれが整ってからが本番である。そしてそれこそが分類学者のなすべきことであり、記載論文の必要性は、その意味で失われることはない。

また、標本そのものも、いくらスキャンしたからと言ってなくすことはできない。文献は人工物である。PDFなどの電子データにして紙媒体は処分してしまっても、また印刷することで復活は可能である。しかし生物の持つ情報は、まだまだ我々の技術では計り知れない。未来の撮影技術によって、細胞内部のより詳細な観察が可能になるかもしれない。そのときのために、標本を所蔵する博物館が必要である。

## 3　分類学の広がり――他分野とのコラボレーション

### 空いた時間に何をする？

効率化を進めた「次世代の分類学」は、文献や標本の整理に割いていた分の多くの時間を得る。その時間を何に充てるべきか。一つは、少し前述したとおり、命名法的作業、つまり分類学の実践である。多くの分類学者もそれを望むだろう。

ここまでで散々述べてきた、我々の前に山積みの課題となっている「未記載種」の記載や、各分類群に与えるべき名前の安定性の確保に取り組むため、サンプリング・標本観察・記載にこれまで以上に十分な時間を充てればよい。特にサンプリングは、いくらコンピューターが発達しようと、まだまだ効率化するのは難しい。例えば深海生物は、研究に耐えうる状態のサンプルを採集しようと思うと、どうしても自分で海洋に出向く必要がある。

「整理された情報を持つこと」が分類学者のアイデンティティの一つであるとすれば、さらに重要なアイデンティティは「その生物に対する興味・情熱」であると私は思う。生物のいないフィールドに、分類学者は出ていかない。前者のアイデンティティ（とそれを構築する手間）をあえて捨てられるのであれば、そこで生まれた時間を、後者を活かすために割くのはまことにリーズナブルであると言えよう。野外活動の時間を増やすだけでも、記載のスピードの上昇が見込めるだろう。

また「情報整理の壁」が低くなり、分類学の主な作業がフィールドや標本観察に充てられ「地球を探索する」などの冒険的なイメージが根付けば、よりフィールド好きの分類学志願者が多くなるのではないだろうか。

このような活動が実を結ぶと、例えば国内であれば、「一〇年以内に日本の海産生物種のレビューを完結させる」という目標に分類学全体で取り組むことも夢ではない。この一〇年で、生物学もインターネットも、飛躍的に進歩した。そして今後の一〇年で、さらに加速度的な躍進が続けば、そして、分類学者を増やすことができれば、遠い未来と思われていた、地球上の全種の記載という、分類学のターニングポイントに我々が立ち会うことも、現実味を帯びた目標にできるのではないだろうか。

もう一つ、分類学が目指すことのできる未来として、他分野に積極的に関わる、ということも挙げられる。近年、分類学者が他分野の研究者と共同研究を行う例が増えている。形態学や発生学などの分類学以外の分野の論文に、分類学者が名を連ねるようになってきているのである。

のちに詳しく述べたいが、分類学者は自分が専門とする分類群の種を知り尽くしたエキスパートである。これらの共同研究には、分類学者が提供したと推測できる材料が多い。これは非常によいことだと思う。生物学が、ありとあらゆる生命現象を解明しようとする学問であるならば、当然、全生物種についての全分野の研究がなされるべきだ。そのとき、先陣を切って種の開拓・提供を行うのは、「種の多様性」の先端にある分類学をおいて他にないだろう。

そして私は、分類学の未来について、さらに想像力を働かせてみたい。それは、分類学者自身が、研究材料の提供にとどまることなく、他分野の研究を自ら推進するという未来である。

### 分類学は全ての種を研究対象とすることができる

分類学自体がどのように世のなかの役に立つかは、第一章で述べた。学名をつけ、安定させ、人類がその学名を恒久的に使えるようにすることが第一義であると私は考えるが、図鑑の作成や、生物相の解明などによって直接的に人の暮らしの役に立つ側面も持つ。だが、潜在的に分類学が持つ可能性は、これにとどまらない。なぜなら分類学は、他のどの分野よりも多くの種を正確に扱える学問だからである。特に最近の技術の進歩は、このような潜在的であった分類学のアドバンテージを、顕在化させると私は考えている。

前述したように、生物学ではモデル生物を用いた研究が非常に多い。例えば現在でも、モデル植物を用いた論文の数は右肩上がりだという（佐藤、二〇一五）。しかしモデル生物の研究がすべてではない。「モデル」の名が示すとおり、そこで得られた知見を「見本」として、生物全体に通底する生命現象を明らかにするならば、前述したとおり、さまざまな生物を対象とした研究も幅広く行われるべきである。

モデル生物以外の生物は、扱える研究室が少なく、さらにそのなかでも研究機器や試薬が揃っている研究室は限られるため、実験手法的な理由でこのような「非モデル生物」の研究は進めにくい状況であった。しかし近年は高度な分子生物学的実験手法も「統合TV」（http://togotv.dbcls.jp/）などの動画によるわかりやすい解説があり、試薬や機器の値段も下がりつつある。その結果、「非モデル生物」において、モデル生物で得られた成果の応用がより簡便に行われる基盤ができつつある。実際、モデル生物であるキイロショウジョウバエの肢（歩脚《ほきゃく》）の形成にかかわる遺伝子などが、非モデル生物であるクワガタムシではハサミ（顎）の形成にも関与していることが示唆されている（Gotoh et al, 2017 など）。

モデル生物の数は、多く見積もっても一〇〇種は超えていまい。とすると、モデル生物は現在記載されている全生物のほんの〇・〇一パーセント以下にすぎない。それ以外の約一八〇万種、推定未記載種を少なく見積もっても四〇〇万種の生物の数だけ、新たな知見が未知のものとして眠っている計算になる。このなかには人類の役に立つ宝の山も、相当に含まれていると言えよう。

分類学者は、日々、このような非モデル生物と向き合っている。そして、それらの特徴を形質として捉《とら》えるため、ありとあらゆる生物学的情報を集めている。ということは、分類学者は、その研究対象の全種の専門家であるとも言えるのである。これまではこの膨大な種を科学のまな板に載せるまでが分類学者の研究のイメージであった。しかし分類学者自身が料理人となり、たとえどんなに基礎的な下ごしらえであっても、それらの研究を一歩進めたとすれば、人類の生物学的知見はこれまでの比でなく広がっていくだろう。

## 形態学・古生物学へ

形態学とは、生物の外部形状を記述し、それが生物の間でどのような法則を持つか、つまりどの部分が共通していて、どの部分が異なるのか、を探る分野と言える（石川ら編、二〇一〇）。生物学のなかでは分類学と並んで基礎的な分野であると言え、現在では生物の形態そのものや、機能、生理の解明まで細分化されている。分類学者にとっての形態とは、あくまでも他の生物と区別できるような目に見える分類形質を求める対象であるが、形態学者にとってのそれは、その形成そのものを理解しようとする対象であり、その範囲は生物の目に見える形だけでなく、細胞、もしくはその細胞のなかの構造といった、あらゆるサイズに及ぶ。

分類学者は、分類のための形質を、ありとあらゆる手段をもって生物から抽出する。形質のためなら、細かい毛の一本一本まで詳しく観察することはもちろん、体の内部構造の理解のために解剖も厭《いと》わない。このことは、分類学者はみな形態学者であるという事実を物語る。

一方、形態学も貪欲《どんよく》に生物の形を求める。知りうる限りの手法を用いて、生物の造形を探るのだ。その点で、分類学と近い印象がある。加えて形態学は、その機能を探る。その生物の持つ洗練されたデザインが、一体何のために生まれているのか、その理由を求める。

さらにその「形成過程」や「継時的変化」の探究も行う。つまり、成長の段階や環境の変化などによって、どのように形が変わっていくのかを調べるのである。一方分類学者は、多くの場合、むしろ形が変わってしまわないように、サンプリングした生物を、なるべく早く標本にする。形態学が分類学と一線を画すのはこの点、つまり「時間軸」を考慮に入れるか否かである（ただしこの境界はもちろん明確ではない）。

ということは、もし分類学者が生物の行動をよく観察すれば、その形態の機能の解明、すなわち形態学的な観察に発展させられるのではないだろうか。さすがに成長の段階を追うような長期的な観察は無理だとしても、サンプリングしたばかりの生きている状態の観察時間を少し増やすことはできよう。

なぜ分類学者にもこのように機能形態学的な観察を勧めたいのかといえば、生物の形態には、我々の生活に役立つさまざまな知恵が潜んでいるからだ。ヤモリの指の微細構造の観察から、いったん貼ってもめくれば簡単にはがせるテープが開発された。カワセミの嘴の形をまねることで、新幹線の先頭車は空気の壁にぶつかっても騒音を生み出さずに済んでいる。モルフォ蝶の翅《はね》の表面の水をはじく構造は、セルフクリーニング可能な素材として塗料やガラスなどに応用されている。

このような生物の持つ構造を観察・分析して応用し、我々の生活に役に立てようとする方法をバイオミメティクス（生物模倣）と言い、生物学のなかでも注目される分野になってきている。これまでの分類学はこの材料の生物を提供するだけであった。もちろん、そう簡単にできることではないことは百も承知だが、サンプリングの際に、少しだけ形態と機能を結び付けた観察を意識することで、このようなバイオミメティクスに応用可能な「形態学的な知見」を提供できるようになるのではないだろうか。

形態学者に負けず劣らず貪欲に形態を求める者がいる。それは古生物学者である。古生物学とは、地球に最も古い岩石や地層が形成されてから、現在の人間の歴史が始まるまでの期間（地質時代）に生存していた生物に関するあらゆる問題を探究する学問である。古生物学者は基本的に化石を扱い、そのなかには絶滅種も多い。もし掘り出した化石と現在生きている生物（現生生物）と形が一致していても、それらが同種であることを証明するのは非常に困難なため、対象種の生きた姿を観察することができない。また、一度採れた化石がまたすぐに手に入る保証はない。したがって古生物学者は、限られた試料からのヒントを見逃すまいと、現生生物を扱う学者と比べて、形態への執着が桁《けた》違いである。

この点で、古生物学と分類学は相性がよい。というよりも、切っても切り離せない。古生物学者の形態観察は、分類学にも応用可能である。例えばマイクロフォーカスX線CTスキャンなどは、古生物学者・形態学者がさかんに用いてきた観察手段で、現在では分類学でもさまざまな現生生物で用いられている。実際、私もクモヒトデでマイクロフォーカスX線CTスキャナーでの観察を行っているが、そのきっかけは古生物学者との共同研究によるものである（Okanishi et al., 2017）。

このように、積極的な共同研究や、分類学者自身による形態学・古生物学的な研究が可能なはずである。

### 分子生物学・ゲノム科学へ

分子生物学とは、遺伝子の本体であり、目には見えない分子レベルの物質であるDNAや、生体内のタンパク質や糖といった、他のさまざまな分子レベルの物質の情報に基づき、生命現象の解明を試みる生物学分野とされる（石川ら編、二〇一〇）。現代生物学の主流と言え、近年ではゲノムの解析技術の向上によってさらなる発展を見せる分野である。

ゲノムとは、「遺伝子」を意味する"gene"と「全て」を意味する"-ome"の合成語で、ある生物体の「全遺伝子」のセットを表す言葉である。遺伝子は、生命の設計図とも呼ばれており、小さな細胞のなかにあるこの遺伝子に刻み込まれた情報が、我々の体のなかのさまざまな場所で、さまざまなタイミングでその機能を発揮する（これを「発現」という）ことで、我々の複雑な体は形作られ、維持されているのである。

例えばモデル生物であるキイロショウジョウバエでは、*eyeless*という遺伝子が、眼（複眼）の形成に関わっていることがわかっている。*eyeless*遺伝子が働かないようにすると眼がうまく形成されなくなってしまうし、逆に*eyeless*をハエの体の一部で発現させると、肢であろうと翅であろうと、その部分に眼、それもりっぱな赤い複眼が形成されるからだ。

このような遺伝子の機能が明らかになれば、医療などへの応用が期待できる。遺伝子の機能を解析するには他の遺伝子との相互関係も重要なため、ゲノムの解析が必要となるが（もちろんそれが全てではないが）、ひと昔前までは、限られた種のゲノムしかわかっていなかった。それは、ゲノムの配列を決定するのに国際的な専門の調査チームを組み、相当の時間と労力を費やす必要があったからである。

しかし近年、解析機器の精度の上昇と必要な薬品などの値下がりにより、一機関の研究室単位でもゲノムの解析が行えるようになってきている。その結果、元は医療分野やモデル生物の研究でしか行われていなかったゲノムの解析が、非モデル生物の研究にも応用されるようになってきたのだ。そして、分類学も、その影響を特に大きく受けつつある。

元々、ゲノムの解析にはなるべく新鮮で、DNAを多く含む肉などの組織サンプルが大量に必要であった。そのため、飼育方法が確立しており、大量に個体が手に入るような種や、組織の多い大型の生物が解析に適していた。このような種となると、モデル生物や大型の哺乳類などに対象が限られていただろう。動物のなかでこのような種は少数派であり、したがって多くの分類学者が扱うような、採集が困難な生物や、目に見えないほどの小さな生物はなかなかゲノムの解析にまで持ち込めなかった。

しかし技術の発達によって、標本になってからある程度時間が経ったものや、DNAの量が少ない小さな生物からも、ゲノム情報が得られるようになっている。そのような状況のなか、標本を大量に所蔵している博物館に、にわかに注目が集まりつつある。

前述したとおり、分類学においては標本が非常に重要な意味を持つ。つまり、博物館と分類学は切っても切り離せない関係にあるのである。そしてそこに収められている標本の山が、そっくりそのまま、ゲノム情報の山とみなせる時代がやってきているのだから、分類学もゲノムの解析に関係してよいはずである。

もし非モデル生物で次々にゲノムの配列が明らかになれば、その比較によって、我々ヒトにも有用な遺伝子の存在が明らかになるかもしれない。また、深海や南極などの極限環境に分布する生物のゲノムから、彼らに特有の遺伝子が特定できれば、そのような極限環境に適応するための仕組みが明らかになるかもしれない。

さらに、すでに機能が明らかな遺伝子でも、数十年前に保存されたものと現代のものを比べてもしそこに違いがあれば、環境変動が生物の遺伝子に与える影響が評価できるかもしれない。これは、標本を連綿と収集し、保管しつづけてきた博物館と、それを担ってきた分類学だからこそ成しえる仕事になるはずである。

これが全く夢物語ではない時代はすぐそこまで来ている。そしてその基盤となる博物館標本の名前を定め、正確に扱うことができるのは、他でもない分類学者である。分子生物学者とタッグを組む、もしくは分類学者自身でこれらのゲノムの解析を進めることができれば、新たに人類が手にするゲノム情報は、文字どおり桁違いに増えるだろう。

## 分類学者のもつアドバンテージ

その他、生態学（生物と環境との相互作用を課題とする科学）、行動学（動物が外的刺激に対して行う意味のある動きに関する科学）、発生学（受精卵などの一個の細胞や小さな体の欠片から、成体に近づく過程〔発生〕に関する科学）、細胞生物学（細胞の構造と機能に関する科学）の分野など、分類学はさまざまなジャンルの研究を多様に展開することも可能である。ただしこれらの研究には、試料動物のサンプルの長期的な飼育や観察が必要となるため、片手間に進めるのはなかなか難しい。もちろん、これらの分野の研究に積極的に取り組んでいる分類学者はいるが、私の分を超えるため、本書では詳しい言及は避けたい。

さて、ここまででひととおり、分類学者の未来を述べてきた。分類学者が持つポテンシャルがおわかりいただけたのではないかと思う。ここで、一つだけ断っておきたいのは、分類学者がそれぞれの研究対象種を他分野に活かそうとする際に最も大きな武器となるのは、単にその種の有効な種名を知っているということだけではなく、その種の名前の普遍性・安定性を確保できるという点である。

いくら有用な生物でも、学名がわからない種を研究に用いても意味がない。そうして得られた研究は、科学で最も重要視される「再現性」（他の誰が同じ実験をしても、同じ結果が得られるという保証）が取れないからだ。二〇一五年にノーベル医学・生理学賞を受賞した大村《おおむら》智《さとし》氏が発見したイベルメクチンは未知の放線菌から得られたが、この放線菌は、大村氏らの手によって新種記載されている。学名を与えることは、全ての生物学の基本であり、人類にとっての普遍性を担保する行為である。

また、動物のなかには複雑な名前の変遷をたどってきた種も存在する。研究に使いやすい、人目に触れやすいものほど記録が多く、異名が増えやすい傾向がある。そしてそのような種は、隠蔽種を含みやすい。例えばゲノムを解析し、その配列を日本中の集団で比較してみたところ、実は複数の種が混じっていたことがわかったとする。そのとき、自分が研究に用いている集団（種）の名前を決定するのが難しいことが多い。なぜなら、その名前は、複雑な異名リストのなかから検討しなければならないからだ。

このようなケース、自分が研究に用いていた種が、思っていたものとは異なる、あるいは未記載種であるというケースは、実のところかなり多いと思われる。このような研究を、種の分類を明確にしないまま標本を残さずに進めてしまうと、後から学名がわからなくなり、それまでの研究が意味のないものになってしまう。このとき、もし標本さえ残っていれば、分類学者はそれを検討し、数ある名前のなかから、その種に与えるべき最適な名前を提供できる。

以上を鑑みると、分類学者が他分野の研究を行うとき、その種を「安心して」用いることができるという点は大きなアドバンテージであり、その研究には非常に強力なアイデンティティが付加されることになる。このことは、今後非モデル生物にどんどん目が向けられるようになったときにより明確になってくると予想される。

さて、こうなってくると、いくらデジタル技術によって効率化が進むとはいえ、分類学者だけではなかなか時間が足りなくなってくる。そのため、研究者だけでなく、市民と一体になることで、これまでは考えられなかった規模でより網羅的・効率的に研究を進める方法に注目が集まっている。

## 4 「市民サイエンス」という新たな科学の形

### 誰でも科学者になれる?——SNSを使ったナメクジ包囲網

近年、「市民サイエンス」という言葉が着実に広がりつつある。これは、一般市民の情報を基に科学を進めるというスタイルである。この陰には近年のSNSなどの情報網の発達がある。例えば有名なところでは、マダラコウラナメクジの捜査網がある。これは京都大学の宇高寛子《うだかひろこ》氏の活動で、海外から国内に持ち込まれた「外来生物」が、どのように国内で分布を広げていくかを把握しようとするものである。

マダラコウラナメクジとは、背面にヒョウのようなマダラ模様を持ち、体長が二〇センチメートルにも達する大型のナメクジである。ヨーロッパ原産で元は日本には分布していなかったものが、二〇〇六年に茨城県で確認されて以降、福島、長野、北海道などで確認されており、現在進行形で生息域を広げている可能性が高いのだという。

元来、このような外来生物は、侵入してからある程度経ち、生息域の拡大が社会的に問題になってから注目されることが多かった。いや、そもそも外来種が認識されるようになったこと自体が、比較的近年になってからだろう。例えばアメリカザリガニや淡水魚ブルーギルなど、私たちが子供のころから親しんでいたものが外来種だったこともあるくらいである。

日本の環境に適応し、生息域を広げる潜在能力を持つ外来種がいったん定着し野放しになってしまうと、その生息期の拡大を防ぐのは、個人の力ではほぼ不可能で、多人数で同時に駆除を行わない限りは難しい。

科学者は、そういった外来種の侵入黎明《れいめい》期から警鐘を鳴らしていたのかもしれないが、その移入経路や防除を、一般に伝える方法は、つい最近まで全国放送のテレビかラジオしかなかった。そしてその警鐘はなかなか世間には浸透しなかったのではないかと想像する。

「ナメクジ捜査網」では、まさに今がマダラコウラナメクジの移入の黎明期であると推測し、このナメクジの目撃情報を、SNSを使って収集している。専用のTwitterアカウントを作り、マダラコウラナメクジの見分け方をウェブサイトにアップし、現在までに四〇〇〇件以上の目撃情報が寄せられている。

最近は、さらにより効率のよいナメクジ情報の収集を目指し、情報提供者の利便性も考慮した新たなウェブサイトの構築が図られている。その資金を集めるために宇高氏は二〇一八年三月に、学術系クラウドファンディングサイト"academist"に挑戦し、見事に目標とした寄付金額を集めることに成功した。

このような、移入種の移入経路や生息地拡大のリアルタイムな計測はこれまでに類がないが、もしうまく時系列に沿ったデータを得ることができれば、人間活動の歴史や気候変動と突き合わせることで、ある国との貿易の開始時期や、温暖化による気温の上昇など、生物の移入に影響を与える人間の活動や環境を特定できる点で極めて有効である。例えば防除対策の効果の計測に応用可能であろう。

### 海中を「二〇〇〇の目」が観察する

また、ダイバーと連携した海の生物の研究もすでに展開されている。例えば国立科学博物館と神奈川県立生命の星・地球博物館は共同で、二〇〇九年までに六万二〇〇〇件の魚類画像をデータベース化している。これは、ほとんどがスキューバダイバーをはじめとする一般の市民から提供されたものである。

一日あたり日本全国で海に潜っている人は一〇〇〇人に上るらしいが、毎日二〇〇〇の目が海中を観察するのである。こうした「人海戦術」から興味深いデータが得られた。魚類研究者の瀬能《せのう》博《ひろし》氏と松浦《まつうら》啓一《けいいち》氏は、こうして得られた魚の画像とその位置データから、日本の太平洋側の場所ごとの魚類相の類似度を解析してみた。

通常、生物の分布は緯度、すなわち水温によって類似すると考えるのが普通だ。寒いところには寒さに耐性のある生物が、暖かいところには高温に耐性のある生物が棲む。温度環境が似る地域、例えば小笠原と沖縄には同じような種類の魚が棲むだろうと予測される。

しかし結果は違っていた。ちょうど屋久島を境界として、屋久島以南の地域とそれ以外の地域という大きく二つのグループに分かれた（図5-2）。驚くべきことに、小笠原諸島の魚類相は本州のものに近かったのである。

これには黒潮が影響しているという。黒潮は、沖縄から屋久島の南を通過し、日本列島の太平洋側にぶつかり、そのまま太平洋へと抜けていく巨大な暖流である。これによって日本には南方系の生物が流れ込むため、特に相模湾に代表されるような、世界的に見ても生物多様性が高い海域が存在する。

また暖流の影響は気候にも影響をもたらしており、私の所属する三崎臨海実験所のある三浦半島は、ほど近い東京や横浜に比べて、かなり温暖である。秋口などの気温が変化しやすい時期には東京から帰ると、気温が一〇度近く違うこともある。

そんな黒潮だが、ここで注目すべきはその流れの速さである。気象庁によれば、海面から水深二〇〇メートルまでの間では、黒潮の流速は秒速最大二〜二・五メートルに達するという。大型の回遊魚ならばともかく、サバやアジなどの中型や小型の魚にとっては抗いきれない速さである。

この巨大な流れは、生物を本来の生息域から引き離すことがある。本州には時折南方系の

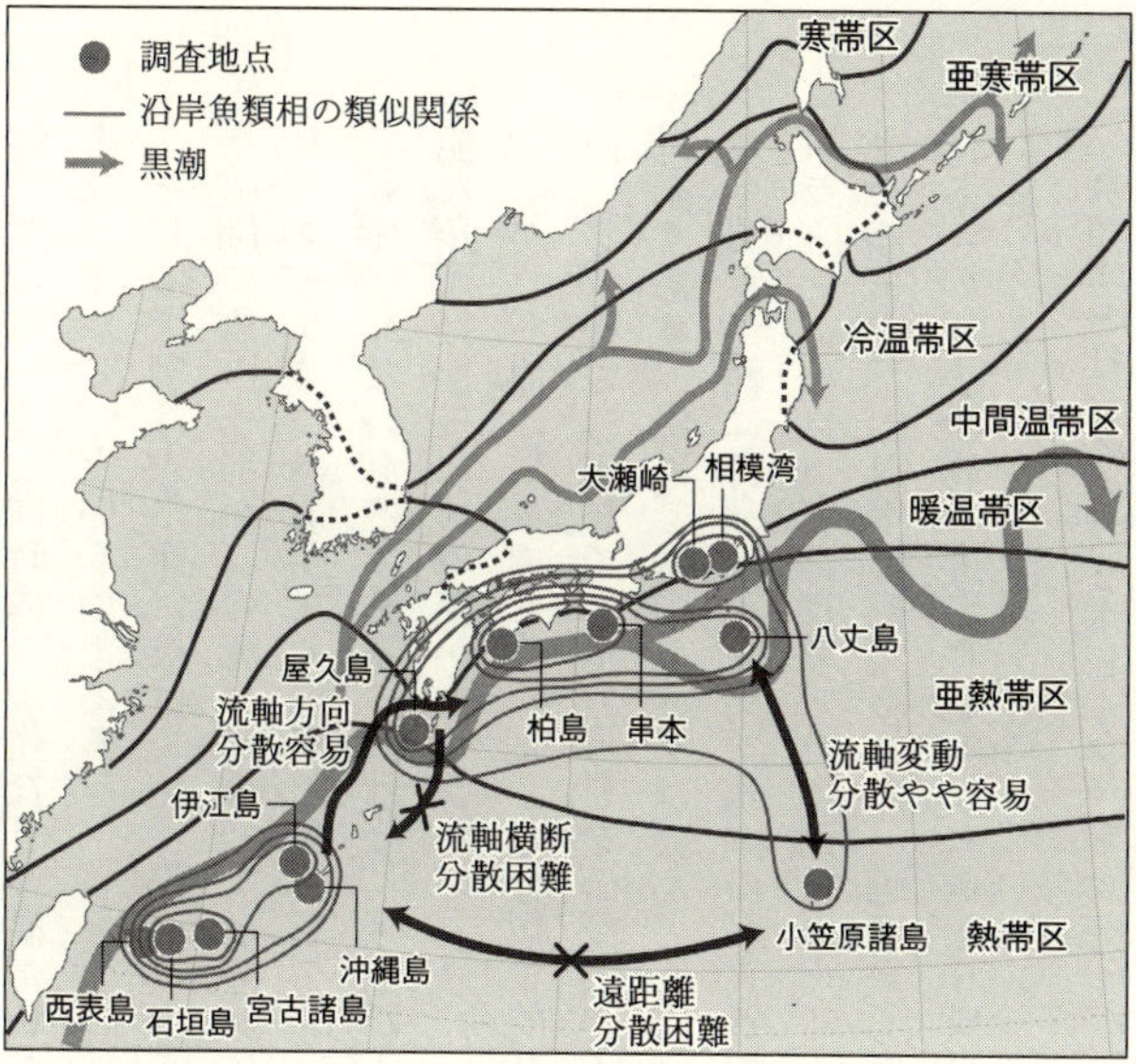


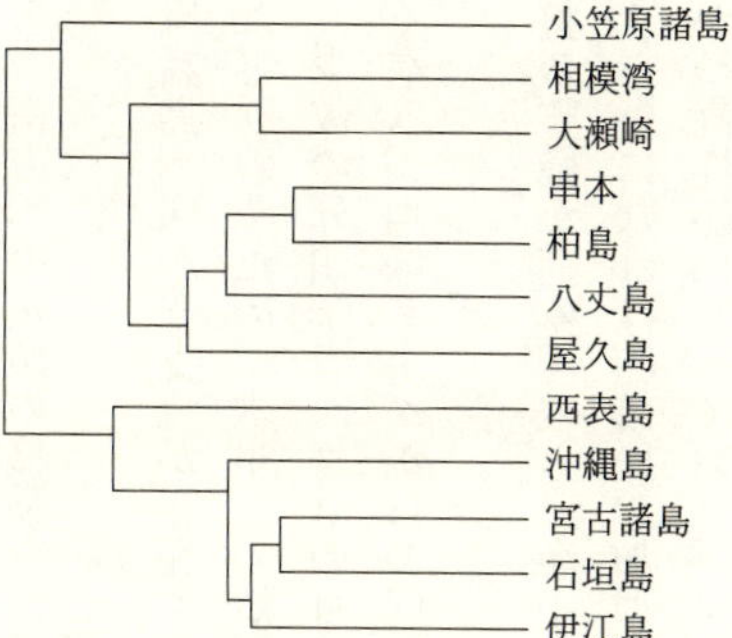


図5－2　日本における海流（上）と魚類の生物相の比較系統樹（下）．系統樹上の位置が近いほど，その場所の生物相の類似度が高いことを表す．東海大学出版会より許可を得て瀬能・松浦（二〇〇七）より転載．

チョウチョウウオなどが流れつくことがあるが、これらは死滅回遊魚と呼ばれ、流れ着いた先で冬には死滅してしまうことが知られている。もし黒潮に逆らうことができるのであれば、気温の低下とともに南に下るはずである。つまり黒潮は、南からの生物を運んでくると同時に、本州などの温帯域からの南方への魚類の移動を妨げているバリアとなっている、というのである。

そして黒潮は太平洋に抜けていく際に、小笠原諸島へ向かう支流が存在する。おそらく本州南岸の魚の一部がこの流れに乗って小笠原にたどり着くため、本州との類似度が高くなるのであろう。このような大規模な観察データは、少数の分類学者がプロの目でいくら頑張っても得られないものである。これは、分類がよく進み、画像データからの同定がある程度可能な魚類だからなせる業《わざ》かもしれない。

しかし、他の生物でもそのような分類学的基盤の整備が進み、さらに海中カメラの精度が向上し、小さな生物でもその形質を確認できるくらいになれば、市民参加型の分類学は実現可能である。現に、水中カメラはどんどん安価かつ高性能になっており、プロのダイバーでなくても気軽に自身のカメラで水中の写真が撮れるようになってきているのである。水中カメラといえばひと昔前はカメラの耐圧カバーも合わせると数十万円は下らなかったものが、今では一〇万円以下で揃えられる。画素数も向上し、モードの切り替えによって数センチメートルの極小生物も非常に鮮やかに映し出すことができるようになっている。

分類学に市民データが活用された例は、少なくとも私の周りでは聞いたことはないが、ここまで情報がネット上に出揃えば、研究機関に属さずとも、在野で分類学研究を精力的に進めることも可能である。

分類学に必要な情熱を心に秘め、一個人として生物を追い求めている人は、この世のなかにたくさんいることだろう。そのなかで、実際にその活動を研究成果として発表できている人は、身近に専門家がいたり、自宅に十分な標本や文献の収蔵スペースがあったり、調査に割ける自由な時間があったりする人に限られていたのではないだろうか。

特に自分で採集した標本や文献の収蔵スペースは、大きな壁になっていたと思う。もし情報化によって文献や標本の情報がインターネットにつながったPC一台に収められ、現実に収蔵スペースを無理に作らなくても済むようになれば、より多くの人が独自に研究を進められるようになるのではないだろうか。

ただし、研究を進める際、やはり専門家、あるいは専門家を含むグループの意見は求めるべきであろう。まだまだインターネットだけでは代替不可能な専門的知識や流儀はかなり存在する。例えば形態学的な専門用語や、論文執筆の際の細かい技術、また、野外採集における作法などは、個人の力ではまだ如何《いかん》ともしがたい。そしてなにより、以下のような分類学の「悪例」に手を染めないための抑止力になるからだ。

自分の研究成果を論文として発表しようと猪突猛進するパワーは大切であるが、時にプロ・アマかかわらず、とんでもない間違いを生むことがある。例えば棘皮動物のウニやヒトデが持つ「叉棘《さきょく》」と呼ばれる小さな器官が、微小な海綿や脊椎動物の顎に間違えられることがあった（ウィンストン、二〇〇八）。したがって、分類学者も、研究の門戸を広くし、研究者・非研究者の別を問わず、さまざまな人々とより積極的に協力体制を築くべきであろう。

## 5　分類学の終着点

ひと昔前まで、分類学の終着点といえば、なるべくたくさんの未記載種を記載するため、そのスピードをできる限り上げていく、という点に集約されていたかもしれない。しかし近年の技術の発達は、分類学の終着点をまた新たな方向へと導いているように思える。

ここまで、分類学が取りうる新たな道、すなわち、他の分野の研究も積極的に行うことを提唱してみた。しかしこれは、単に他分野に知見を提供するためだけでなく、分類学への還元も十分に見込まれる。

というのも、他分野で得られた種の知見というのは、その全てが、その種の新たな形質だからだ。形態学分野で得られる新たな形態はもちろんのこと、その形態に裏付けされた行動も、他の種との区別をなすその種独特のものかもしれない。発生学で得られる幼生から成体までの変態の過程は、分類だけでなく、その周辺の分類群の進化の考察に極めて重要である。ゲノムの解析によって得られた遺伝子の配列は、そっくりそのまま他種と比較することで、進化の道筋を示す「系統樹」を描く材料となる。

ありとあらゆる生物学的特徴を、分類学は形質として取り込むことができる。その結果、さらに真に近い「分類体系」を構築することが可能となる。全生物種の記載というのは、このスタートラインを引くという作業にすぎない。真の分類体系の構築には、分類学と他の分野の、お互いの密なフィードバックが必要不可欠である。それによって、誰もが生物の名前を安定して使うことができるようになる。その上で初めて、生物をよく理解し、我々の生活に役立てることができるはずである。

# あとがき――あなたが「新種」を見つけたら

「あなたが新種を見つけたら、どうしますか?」この問いに、本書を読む前であれば、あなたはどう答えただろうか。マスコミに発表する、ブログに書く、SNSに発表する、そんな答えだったかもしれない。しかしきっと、今はそんなことは思わないに違いない。なぜなら、新種を見つける、すなわち新種を新種であると見抜く目を持っている時点で、あなたはすでに分類学者だからだ。新種を見つけたあなたがすべきことはただ一つ、「その種を記載する」であろう。

新種とは、野外で「発見」されるものではない。それは、我々が産業革命を迎える以前からずっとそこにいたもので、それが人類に「紹介」されて初めて新種たりえる。そしてその「紹介する」――本書では「証明する」と綴ってきたが――ためのスキルを得ることそのものが、分類学者になるということの一つの証明なのである。ここで最後に、新種を発見する、発表するという作業をおさらいしたい。

1　対象とする分類群を決める。まずはなるべく自分に親しみのある分類群をターゲットにする。その際、意識するべきはランク（分類階級）ではなく種数である（第四章1節）。

2　その動物の含まれる分類群（少なくとも属〜科）の名前が掲載された文献を全て集める*（第四章1節）。

3　集められた文献を基に、全ての種の異名リストを作成する*（第五章2節）。

4　3と同時に、ターゲットとする分類群の生息情報を把握する*（第四章1節）。

5　4を基に、採集計画を立てる。※これは、新種を発見するというよりは、その分類群を実際に観察するための標本収集という意味もある（第二章、第三章）。

6　必要に応じて、博物館の標本の観察も行う*（第二章）。

7　2〜6を繰り返し、自らの脳内にその分類群に関するデータベースを構築する（第一章1節）。※この段階のどこかで、同定が可能になるブレイクスルーが起こる。

8　これまでに観察した標本や、採集の積み重ねによって得られる標本の情報を逐一確認する。自分が同定できない種が見つかった場合、それに類似する種の情報をさらに整理する（第一章2節、第四章1節）。※この段階で、未記載種の判別が可能になる、さらなるブレイクスルーが起こる。

9 命名規約と照らし合わせ、その未同定種に与えるべき学名がないことを確認する*（未記載種の確認）（第四章2節）。

10 その未記載種の形態を詳細に調べ、しかるべきラテン語文法に則った学名を付けた記載論文を執筆する（第四章2～4節）。

11 記載論文を学術雑誌に投稿し、査読を受け、校正プロセスを経て雑誌に掲載される（第一章1節、巻末付録）。

前述したとおり、文献収集や異名リストの整理など、情報化によって省略できる段階は、かなり多くある。その部分には*を付した。

本書では新種の記載にフォーカスを当てて分類学の基本の、さらにその表面をさらってみた。新種の記載は分類学のほんの一面にすぎず、すでに記載された種の整理や、属以上の階級群の記載などは、より重要かつ難解であると私は思う。そのような分類学の真髄にまで至りたい方は、ぜひこれまでに示した教科書も参照してほしい。その他の細かい命名法的行為やDNA解析の実践なども解説されているはずだ。

私は、分類学はとても楽しい学問だと思っている。野外や博物館で明らかな新種・珍種を見た瞬間、文献を読んでいて、あるときふっと、自分のなかの分類学的な疑問が氷解した瞬間、形態観察中に思わぬ形質を発見した瞬間などなど。煩雑《はんざつ》な作業をこなさなくてはならないことも多いが、そのどの面を切り取っても、今のところ楽しく取り組めている。そしてそれは、これからも変わることはあるまい。

さらに、分類学を取り巻く技術環境の急激な向上を考えると、分類学は飛躍的に進化し、あらゆる分野を取り込みながら、全く新しい方向に舵《かじ》を切る可能性は十分ありうる。すでに私はその勢いの片鱗《へんりん》を感じつつあるところで、それは私の周りの分類学者も敏感に感じ取っていることだと思う。

また、専門の職でなくとも、分類学的成果の発信に携わる道は拓けつつある。専門家自身のほうでも、一つの分類群を抱えているような閉鎖的なイメージでない、開けた分類学に変えていこうという気概を、少なくとも私の周りでは感じることができる。そのような一般を巻き込んだ新しい潮流も含め、分類学のポテンシャルは非常に大きいものであると、私は確信している。

そうなってきたとき、分類学のアイデンティティとはなんだろうか。我々はもう一度考え直すことになるだろう。ある分類群のまとまった文献情報を所有していること、その情報を異名リストとして整理していること、採集ができること、標本を作れること、DNAをよりよく抽出できること、種の記載が行えること、名前の混乱が整理できること、多様性を把握すること……。これらは全て分類学の仕事である。そして、これをなすべきときに必要なものは、その分類群に興味を持ち、実際に発見してみたいという衝動だと思う。そしてそれこそが、ある人を分類学者へと昇華させうる強力なアイデンティティなのだろう。

あなたが新種を見つけるとき、あなたは分類学者だろう。しかし、あなたのなかに動物への、生物への愛情があり、それを突き詰めたいという欲求があれば、新種の発見を待たずに、あなたはもう分類学者なのかもしれない。そして、そのような人が、多様な生物ととことん付き合っていける場所こそが、分類学なのであろう。

調査でご一緒する分類学者はみな、キラキラした目で生物を追いかけている。(船酔い以外で)辛《つら》そうにしている場面を見かけることはない。このような楽しき分類学が、さらに楽しくなるかもしれない。そう思うと、分類学に興味を持ってくれている人のために、そのような人が分類学に足を踏み入れてくれたときのために、少しでも分類学の置かれた環境をよくできるよう、自身の研究にも邁進していきたいと思うばかりである。

動物は、常に私たちに、面白い生き様や驚くような形を見せてくれる。学生の時分から数えてもう一〇年以上、私は分類学に携わっているが、それでも生き物たちの造形に飽きることはない。本書では新種の発見に特にフォーカスしたが、このような生物の種の多様性の先端を切り開く分類学的な作業は、とてもやりがいのあるものだ。

本書が、そのような分類学の楽しさを少しでも伝えられ、読者がその扉をくぐった状態にあることを願って、そして、地球上の生物全てを人類が明らかにするその瞬間をともに迎えられる仲間が増えることを大いに期待して、筆を擱《お》きたい。

幸塚久典氏（東京大学）には、さまざまな海産動物の写真を提供していただき、また図の一部を作成していただいた。山崎博史氏（九州大学助教）、藤本心太氏（東北大学助教）、古屋秀隆氏（大阪大学准教授）、島野智之氏（法政大学教授）、飯野雄一氏（東京大学教授）、Vazrick Nazari氏（オタワ市）、Peter Funch氏（オーフス大学准教授）、Reinhardt Møbjerg Kristensen氏（コペンハーゲン大学教授）、藤田喜久氏（沖縄県立芸術大学准教授）には、貴重な動物の写真を提供していただいた。山崎氏、藤本氏、藤田氏、西川輝昭氏（名古屋大学名誉教授）には草稿の一部にコメントをいただいた。Scott Walker氏（東京大学）には一部の英文を校閲していただいた。倉持利明氏、藤田敏彦氏、松浦啓一氏（国立科学博物館）、瀬能宏氏（神奈川県立生命の星・地球博物館)、稲英史氏(東海大学出版会)、米田圭織氏(学士会)、川端美千代氏(東京大学)、河村真理子氏(京都大学)、溝口元氏(立正大学教授)には、一部の写真の提供と図の版権について、格別の配慮を賜った。藤田敏彦氏、馬渡峻輔氏(北海道大学名誉教授)、柁原宏氏(北海道大学准教授)には、分類学のいろはを教えていただいた。朝倉彰氏(京都大学教授)、北出理氏(茨城大学教授)、岡良隆氏(東京大学教授)、三浦徹氏(東京大学教授)には、学位取得後に、分類学に励む研究環境を与えていただいた。若手分類学者の集いの皆様とは、ともに命名規約の解読に励み、また、メーリングリストを通じて私の規約に対する質問に丁寧に答えていただいた。その他、ここに書ききれないほどの多くの方々のお力添えがあって、私は研究を継続できている。ここに記して謝意を表する。

動物分類学、特に国際動物命名規約は私にとってはまだまだ難解で、本書の執筆にあたって勉強をしなおす貴重な機会となった。自分なりになるべく正確な解説を心がけたつもりではあるが、諸先輩方の目から見ると物足りない部分もあるかもしれない。本書の主張はあくまでも私の責任内であることをご承知いただければ幸いである。また、読者の方々からも批判をいただければと思う。

そして研究業界で不安定な場所に身を置き続け、研究を続けることを許してくれている家族にも感謝と礼を述べたい。

最後に、私に本書を執筆するきっかけを与えてくださった中公新書編集部の藤吉亮平氏、並びに、私の不慣れな文章を何度となく校正してくださった小野一雄氏なくしては、本書の刊行はありえなかった。ここに記して謝意を申し上げる。

二〇二〇年四月

岡西政典

Takahashi, E., Suzuki, T. (2016) *Tezurumozuru shokushu,* a new species of *Tezurumozuru* from Japan. *Animal Taxonomy,* 4025, 88-99.

Tanaka, A. (2017) Description of a new species *Tezurumozuru* from Japan. *Bunruigaku,* 111: 1231-1238.

以上が，記載論文の全容である．通常は採集地の地図や観察した個体のスケッチ，同属他種との識別点となる部分の写真などを掲載する．このような記載論文を仕上げ，共著者がある場合は共著者に見せてブラッシュアップし，英語を母語とする研究者や民間サービスを利用した英文校閲を経て，投稿作業を行う．

DECRARETION: This article is entirely fiction. The scientific names, specimen's catalogue numbers, and referenced articles are fictious; Any similarity to, or identification with, any existing names, numbers and articles is entirely coincidental and unintentional. This fictious article is not issued for permanent scientific record and no part of it is to be considered published or publishable within the standards of the International Code of Zoological Nomenclature.

られる.

［採集や記載，研究費援助への謝辞］

謝　辞

分類学博物館の油壺太郎博士には，草稿の段階から多くのご助言をいただいた．分類大学の三崎次郎博士には，*Tezurumozuru* 属の標本観察にあたり，ご助力をいただいた．ここに記して謝意を表する．本研究は分類学研究所の助成金「若手分類学者支援助成」の助成を受けて行われた．

［論文内で用いた引用文献リスト（ここでは第一著者の名字のアルファベット順）］

引用文献

Itoh, I., Suzuki, T. (2019) New species of the genus *Tezurumozuru* from United Status. *Journal of Taxonomy,* 38: 513-523.

Rinkai, T. (2012) A new genus and species of Gorgonocephalidae (Echinodermata: Ophiuroidea) from central Japan. *Journal of Taxonomy,* 8: 12-22.

Satoh, C. (2015) A new tezurumozurid species (Echinodermata: Ophiuroidea) from Western Australia. *Australian Journal of Taxonomy,* 28: 1024-1035.

Suzuki, T. (2008) Taxonomic review of the genus *Kumohitode* (Echinodermata: Ophiuroidea). *Bunruigaku,* 102: 18-56.

幾重にも巻旋するため全長の測定が困難だが，少なくとも50cmに達する．盤の反口側の表面は突起型の骨片に覆われ，その直径と高さは，盤の中心で約0.1mm，盤の周辺部で約0.2mmになる……［細かい形態の記述が続く．形態の性差があるものは，性別に記載を行う］．

パラタイプ（MMNM 002-0010；盤径 5 cm ～12cm）の形態変異：盤径の小さなもの（5 cm，8 cm）では，盤の反口側に5つの大突起を持つが，盤径が大きなものはこれを持たない．

語源：本種に対する学名は，採集地である諸磯（moroiso）と，「～産の」という意味のラテン語の接尾辞である"*-ensis*"の合成語である．

分布：神奈川県三浦市三崎町諸磯（日本）の潮下帯からのみ知られている．

［記載論文では，「備考」で記載した種が新種である根拠を述べる］

備　考

本研究では，*T. moroisoensis* を，*Tezurumozuru* 属の新種として提唱する．*T. moroisoensis* は，星形の体で，細長い腕を持ち，その口側に溝はなく，腕が分かれるという特徴を持つことから，*Tezurumozuru* 属に同定された．*T. moroisoensis* は体色が赤く，浅海に生息することから *T. shokushu* と *T. aminome* に似るが，盤の反口側の骨片の形が突起状であることから，これが顆粒状である前二種とは異なる．今後は，これらの種を用いた DNA 解析によって，その系統学的な位置の推定が求め片の形で分類されているが，体色が赤く，水深500m以深からしか記録がない *T. frakutaru* と *T. shokushu*, ならびに，体色が黒く，浅海域からしか記録がない *T. udewakare* と *T. aminome*, というように，体色と生態から2つのグループに分かれるという指摘がなされている(Tanaka, 2017).

2020年に神奈川県三浦市三崎町の附属臨海実験所近傍の諸磯の浅海より，体色が赤い *Tezurumozuru* 属が採集された．これは，似た特徴を持つ同属他種と形態的に区別できることにより，新種と判断されたため，ここに報告する．

［論文で用いた材料と方法］

材料と方法

本研究で観察した標本10個体は，三浦市三崎町諸磯の水深10mの転石裏から，スキューバ潜水によって採集した．10%塩化マグネシウム水溶液で麻酔し，体色を撮影した後，99%エタノールで固定を行った．標本は分類大学三崎臨海博物館（架空：MMNM）に登録した．

［観察した個体の体の計測結果などを詳しく記載する］

結　果

*Genus Tezurumozuru* Rinkai, 2012

*Tezurumozuru moroisoensis* **sp. nov.**

ホロタイプ（MMNM 001）の記載：盤径10cm，腕は

[その論文の内容を簡潔にまとめた要旨]

**要旨**：神奈川県三浦市三崎町より採集した *Tezurumozuru moroisoensis* を新種として記載する．本新種は，体色が赤いこと，盤の反口側に突起状の骨片を持つこと，といった特徴によって，同属他種と区別できる．*Tezurumozuru* 属は，*Kumohitode* 属に似るが，腕が分岐すること，その腕を広げて海中のプランクトンなどを捕らえる，といった形態的・行動的特徴によって区別できる．

[その論文の検索用のキーワード]

**キーワード**：分類学，走査型電子顕微鏡，三崎町諸磯湾，架空

[論文の学術的背景]

**背　景**

Rinkai（2012）は和歌山県白浜町から2008年に記載された *Kumohitode udewakare* Suzuki, 2008 に対して *Tezurumozuru*属を設立した（Suzuki, 2008; Rinkai, 2012）．その後8年間で，本属には *T. udewakare* の他に，*T. furakutaru* Satoh, 2015, *T. shokushu* Takahashi, 2016, *T. aminome* Tanaka, 2017, *T. perm* Itoh, 2019 の4種が記載されている（Satoh, 2015; Takahashi & Suzuki, 2016; Tanaka, 2017; Itoh & Suzuki, 2019）．そのうち，*T. perm* Itoh, 2019 は *Kumohitode* 属に移されており，現在 *Tezurumozuru* 属は4種を含んでいる．

*Tezurumozuru* 属は，基本的には体の表面の微小な骨

# 巻末付録　記載論文の例

科学論文を書く，という行為自体が，科学者を科学者たらしめる最大にして唯一の作業である．具体的な執筆にかかわる作業は本文第一章を参照していただくとして（ウィンストン，二〇〇八），ここでは架空の *Tezurumozuru* 属のクモヒトデの記載論文を掲載しておこう．各セクションの冒頭の［　］のなかに説明を付した．

ここでは日本語で論文の例を書くが，実際には，新種の記載論文は極力英語で書くべきである．命名規約は，英語で論文を発表するように規定しているわけではないが，人類共通の知的財産である学名の論文は，現在最も通用していると思われる英語で書くのが適切であろう．

なお，本論説は動物命名のために公表するものではない．

［タイトル］

日本近海から発見された *Tezurumozuru* 属（棘皮動物門：クモヒトデ綱：ツルクモヒトデ目：テヅルモヅル科）の新種の記載

［論文の著者名と所属］

臨海太郎
（三崎分類学実験所）

学者のための実際的な分類手順』馬渡峻輔・柁原宏（訳），新井書院.
97. Yamasaki, H. (2016) Two New *Echinoderes* Species (Echinoderidae, Cyclorhagida, Kinorhyncha) from Nha Trang, Vietnam. ***Zoological Studies***, 55.
98. Yamasaki, H. & Durucan, F. (2018) ***Echinoderes antalyaensis*** sp. nov. (Cyclorhagida: Kinorhyncha) from Antalya, Turkey, Levantine Sea, Eastern Mediterranean Sea. ***Species Diversity***, 23(2), 193-207. DOI: 10.12782/specdiv.23.193
99. 吉澤和徳（二〇〇八）「六脚類の高次分類体系と進化」．石川良輔（編）『節足動物の多様性と系統』裳華房.
100. Zhang, Z.-Q. (2013) Animal biodiversity: An update of classification and diversity in 2013. *In*: Zhang, Z.-Q. (Ed.) Animal Biodiversity: An Outline of Higher-level Classification and Survey of Taxonomic Richness (Addenda 2013). ***Zootaxa***, 3703(1), 5-11. DOI: 10.11646/zootaxa.3703.1.3

265.
81. パイパー，ロス（二〇一六）『知られざる地球動物大図鑑――驚くべき生物の多様性』西野香苗（訳），日本動物分類学会会員有志他（監訳），東京書籍.
82. Postlethwait, J. H. & Hopson, J. L. (2002) *Modern Biology*, Holt, Rinehart & Winston.
83. Reedijk, J. (2017) On the Naming of Recently Discovered Chemical Elements-the 2016 Experience. *Chemistry International,* 39(2), 30-32. DOI: 10.1515/ci-2017-0222
84. 歴史雑学探究倶楽部（編）（二〇一〇）『世界の神話がわかる本』学研パブリッシング.
85. Saito, T. & Fujita, Y. (2018) A new species of the stenopodidean shrimp genus *Odontozona* Holthuis, 1946 (Crustacea: Decapoda: Stenopodidea: Stenopodidae) from the Ryukyu Islands, Indo-West Pacific. *Zootaxa,* 4450, 458-472.
86. Satoh, N., Rokhsar, D. & Nishikawa, T. (2014) Chordate evolution and the three-phylum system. *Proceedings of the Royal Society B: Biological Sciences,* 281, 20141729. DOI: 10.1098/rspb.2014.1729
87. 佐藤文彦（二〇一五）「新しいモデル植物：ポストゲノム時代の研究材料　序にかえて」.『植物の生長調整』50(2), 93-95.
88. Schwentner, M., Combosch, D. J., Nelson, J. P. & Giribet, G. (2017) A Phylogenomic Solution to the Origin of Insects by Resolving Crustacean-Hexapod Relationships. *Current Biology,* 27(12), 1818-1824.
89. 瀬能宏・松浦啓一（二〇〇七）「相模湾の魚たちと黒潮」. 国立科学博物館（編）『相模湾動物誌』東海大学出版会. p. 121-133.
90. 篠原明彦（二〇〇八）「有翅下綱：新翅節――完全変態亜節」. 石川良輔（編）『節足動物の多様性と系統』裳華房. p. 372-394.
91. 白山義久（一九九三）「深海産線虫の生態的特徴」.『日本線虫学会誌』23(2), 116-122.
92. 白山義久（編）（二〇〇〇）『無脊椎動物の多様性と系統（節足動物を除く）』裳華房.
93. 鈴木紀之（二〇一七）『すごい進化――「一見すると不合理」の謎を解く』中央公論新社.
94. van der Linde, K., Bächli, G., Toda, M. J., Zhang, W.-X., Katoh, T., Hu, Y.-G. & Spicer, G. S. (2007) *Drosophila* Fallén, 1832 (Insecta, Diptera): proposed conservation of usage. *Bullettin of Zoological Nomenclature,* 64(4), 238-242.
95. Whittaker, R. H. (1969) New concepts of kingdoms of organisms. Evolutionary relations are better represented by new classifications than by the traditional two kingdoms. *Science,* 163(3863), 150-160.
96. ウィンストン，ジュディス・E（二〇〇八）『種を記載する――生物

67. Okanishi, M. & Fujita, T. (2009) A new Species of *Asteroschema* (Echinodermata: Ophiuroidea: Asteroschematidae) from Southwestern Japan. *Species Diversity,* 14(2), 115-129.
68. Okanishi, M., O'Hara, T. D. & Fujita, T. (2011) A new genus *Squamophis* of Asteroschematidae (Echinodermata: Ophiuroidea: Euryalida) from Australia. *Zookeys,* 129, 1-15.
69. Okanishi, M. & Fujita, T. (2013) Molecular phylogeny based on increased number of species and genes revealed more robust family-level systematics of the order Euryalida (Echinodermata: Ophiuroidea). *Molecular Phylogenetics and Evolution,* 69(3), 566-580.
70. 岡西政典（二〇一六）『深海生物テヅルモヅルの謎を追え！――系統分類から進化を探る』東海大学出版部.
71. Okanishi, M. (2016a) Ophiuroidea (Echinodermata): Systematics and Japanese Fauna. In: Motokawa, M. & Kajihara, H.(eds.) Species Diversity of Animals in Japan. Springer Japan, Tokyo, Japan, pp. 657-678.
72. Okanishi, M. (2016b) Euryalida. *AccessScience.* McGraw-Hill Education, U. S. A.
73. Okanishi, M., Fujita, T., Maekawa, Y. & Sasaki, T. (2017) Non-destructive morphological observations of the fleshy brittle star, Asteronyx loveni using micro-computed tomography (Echinodermata: Ophiuroidea: Euryalida). *Zookeys,* 663, 1-19.
74. Okanishi, M., Sentoku, A., Martynov, A. & Fujita, T. (2018) A new cryptic species of *Asteronyx* Müller and Troschel, 1842 (Echinodermata: Ophiuroidea), based on molecular phylogeny and morphology, from off Pacific Coast of Japan. *Zoologischer Anzeiger,* 274, 14-33.
75. Okanishi, M. & Fujita, T. (2018) A taxonomic review of the genus *Astrodendrum* (Echinodermata, Ophiuroidea, Euryalida, Gorgonocephalidae) with description of a new species from Japan, *Zootaxa,* 4392(2), 289-310.
76. Okanishi, M. & Fujita, Y. (2018) First finding of anchialine and submarine cave dwelling brittle stars from the Pacific Ocean, with descriptions of new species of *Ophiolepis* and *Ophiozonella* (Echinodermata: Ophiuroidea: Amphilepidida). *Zootaxa,* 4377(1), 1-20.
77. 大久保憲秀（二〇〇六）『動物学名の仕組み――国際動物命名規約第４版の読み方』伊藤印刷出版部.
78. 小野展嗣（二〇〇八）「多足亜門」. 石川良輔（編）『節足動物の多様性と系統』裳華房. p. 276-296.
79. 小野展嗣（編）（二〇〇九）『動物学ラテン語辞典』ぎょうせい.
80. Osborn, H. F. (1905) *Tyrannosaurus* and other Cretaceous carnivorous dinosaurs. *Bulletin of the American Museum of Natural History,* 21, 259-

classes, ordines, genera, species cum characteribus, differentiis, synonymis, locis. Editio decima, reformata, Tomus I. Laurentii Salvii, Holmiae.

53. Lönnberg, E. (1931) Olof Rudbeck, Jr., the first Swedish Ornithologist. *Ibis,* 13(1), 302-307.
54. Marlétaz, F., Peijnenburg, K. T. C. A., Goto, T., Satoh, N. & Rokhsar, D. S. (2019) A New Spiralian Phylogeny Places the Enigmatic Arrow Worms among Gnathiferans. ***Current Biology,*** 29(2), 312-318.
55. 松浦啓一（二〇〇九）『動物分類学』東京大学出版会.
56. 松浦啓一（編著）（二〇一四）『標本学——自然史標本の収集と管理 第 2 版』東海大学出版会.
57. Matsuura, K. (2017) Taxonomic and Nomenclatural Comments on Two Puffers of the Genus ***Takifugu*** with Description of a New Species, ***Takifugu flavipterus,*** from Japan (Actinopterygii, Tetraodontiformes, Tetraodontidae). ***Bulletin of the National Museum of Nature and Science Series A, Zoology,*** 43(1), 71-80.
58. 馬渡峻輔（一九九四）『動物分類学の論理——多様性を認識する方法』東京大学出版会.
59. Miyajima, M. (1900) On a Specimen of a Gigantic Hydroid, Branchiocerianthus imperator (Allman), found in the Sagami Sea. ***The Journal of the College of Science, Imperial University of Tokyo, Japan.*** 13(2), 235-262.
60. Nakano, H. (2014) Survey of the Japanese coast reveals abundant placozoan populations in the Northern Pacific Ocean. ***Scientific Reports,*** 5356: 1-5. DOI: 10.1038/srep05356
61. Nakano, H., Kakui, K., Kajihara, H., Shimomura, M., Jimi, N., Tomioka, S., Tanaka, H., Yamasaki, H., Tanaka, M., Izumi, T., Okanishi, M., Yamada, Y., Shinagawa, H., Sato, T., Tsuchiya, Y., Omori, A., Sekifuji, M. & Kohtsuka, H. (2015) JAMBIO Coastal Organism Joint Surveys reveals undiscovered biodiversity around Sagami Bay. ***Regional Studies in Marine Science. 2 (Suppl),*** 77-81. DOI: 10.1016/j.rsma.2015.05.003
62. 長沼毅（一九九六）『深海生物学への招待』日本放送出版協会.
63. 西川輝昭（二〇〇〇）「脊索動物門」. 白山義久（編）『無脊椎動物の多様性と系統（節足動物を除く）』裳華房. p. 257-261.
64. Nishikawa, T. (2001) Case 32. ***Thalassema Taenioides*** Ikeda, 1904 (Currently *Ikeda Taenioides;* Echiura): Proposed Conservation of the Specific Name. ***Bulletin of Zoological Nomenclature,*** 58(4), 277-279.
65. 西村三郎（一九八七）『未知の生物を求めて——探検博物学に輝く三つの星』平凡社.
66. O'Grady, P. M. & DeSalle, R. (2018) Phylogeny of the Genus *Drosophila*. *Genetics.* 209(1), 1-25. DOI: 10.1534/genetics.117.300583

39. 石川統・黒岩常祥・塩見正衞・松本忠夫・守隆夫・八杉貞雄・山本正幸（編）（二〇一〇）『生物学辞典』東京化学同人.
40. International Commission on Zoological Nomenclature (2003) Opinion 2027 (Case 3010): Usage of 17 specific names based on wild species which are pre-dated by or contemporary with those based on domestic animals (Lepidoptera, Osteichthyes, Mammalia): conserved. *Bulletin of Zoological Nomenclature,* 60(1), 81-84.
41. International Commission on Zoological Nomenclature, (2010) Opinion 2245 (Case 3407): *Drosophila* Fallén, 1823 (Insecta, Diptera): *Drosophila funebris* Fabricius, 1787 is maintained as the type species. *The Bulletin of Zoological Nomenclature,* 67, 106-115.
42. 磯野直秀（一九八八）『三崎臨海実験所を去来した人たち――日本における動物学の誕生』学会出版センター.
43. Irie, N., Satoh, N. & Kuratani, S. (2018) The phylum Vertebrata: a case for zoological recognition. *Zoological Letters,* 2018, 32. DOI: 10.1186/s40851-018-0114-y
44. 伊藤雅道（二〇〇〇）「緩歩動物門」. 白山義久（編）『無脊椎動物の多様性と系統（節足動物を除く）』裳華房. p. 159-161.
45. Jackson, S. & Groves, C. (2015) Taxonomy of Australian Mammals. Clayton South: CSIRO Publishing. pp. 536.
46. 神奈川県立生命の星・地球博物館（編）（二〇一〇）『フィールドワークの達人』東海大学出版会.
47. Kim, S. I. & Farrell, B. D. (2015) Phylogeny of World Stag Beetles (Coleoptera: Lucanidae) Reveals a Gondwanan Origin of Darwin's Stag Beetle. *Molecular Phylogenetics and Evolution*, 86, 35-48. DOI: 10.1016/j.ympev.2015.02.015
48. Komai, T. & Fujita, Y. (2018) A new genus and new species of alpheid shrimp from a marine cave in the Ryukyu Islands, Japan, with additional record of *Salmoneus antricola* Komai, Yamada and Yunokawa, 2015 (Crustacea: Decapoda: Caridea). *Zootaxa,* 4369(4), 575-586.
49. 小山慶太（二〇一三）『科学史人物事典――150のエピソードが語る天才たち』中央公論新社.
50. Larsen, B. B., Miller, E. C., Rhodes, M. K. & Wiens, J. J., (2017) Inordinate fondness multiplied and redistributed: The number of species on earth and the new pie of life. *The Quarterly Review of Biology,* 92(3), 229-265.
51. Linnaeus, C. (1753) Species Plantarum, exhibens plantas rite cognitas, ad genera relatas, cum differentiis specificis, nominibus trivialibus, synonymis selectis, locis natalibus, secundum systema sexuale digestas. vol. 1, 2. L. Salvius, Stockholm.
52. Linnaeus, C. (1758) Systema Naturae per regna tria naturae, secundum

38.
26. Fujita, Y., Mizuyama, M. & Yamada, Y. (2017) *Bresilia rufioculus* Komai & Yamada, 2011 (Decapoda: Caridea: Bresiliidae) from a submarine cave in Shimoji-jima Island, Miyako Island Group, southern Ryukyus, Japan. *Fauna Ryukyuana*, 37: 31-33.
27. 藤田喜久・下村通誉・多留聖典・有山啓之・逸見泰久（二〇一七）「近年国内から発見された希少甲殻類（端脚目，等脚目，十脚目）についての話題」. *Cancer,* 26, 65-70.
28. 藤田喜久（二〇一九）「琉球列島の海底洞窟における十脚目甲殻類相と洞内環境との関連について」.『タクサ』46, 3-12.
29. Fukuda, H. (2017) Nomenclature of the horned turbans previously known as *Turbo cornutus* [Lightfoot], 1786 and *Turbo chinensis* Ozawa and Tomida, 1995 (Vetigastropoda: Trochoidea: Turbinidae) from China, Japan and Korea. *Molluscan Research,* 37(4), 268-281. DOI: 10.1080/13235818.2017.1314741
30. Gaffney, E. S. (1992) *Ninjemys,* a new name for *"Meiolania" oweni* (Woodward), a Horned Turtle from the Pleiostocene of Queensland. *American Museum Novitates,* 3049, 1-10.
31. Gentry, A., Clutton-Brock, J. & Groves, C. P. (1996) Case 3010. Proposed conservation of usage of 15 mammal specific names based on wild species which are antedated by or contemporary with those based on domestic animals. *Bulletin of Zoological Nomenclature,* 53(1), 28-37.
32. Gotoh, H., Zinna, R. A., Ishikawa, Y., Miyakawa, H., Ishikawa, A., Sugime, Y., Emlen, D. J., Lavine, L. C. & Miura, T. (2017) The function of appendage patterning genes in mandible development of the sexually dimorphic stag beetle. *Developmental Biology,* 422(1), 24-32.
33. 平嶋義宏（二〇〇五）『生物学名概論　第 3 版』東京大学出版会.
34. 堀川大樹（二〇一五）『クマムシ研究日誌――地上最強生物に恋して』東海大学出版部.
35. 池田岩治（一九〇一）「ウミサナダの本體［本体］（新稱［新種］サナダユムシ）」.『動物学雑誌』13(158), 382-392.
36. 池田岩治（一九〇二）「サナダユムシの圖板［図板］」.『動物学雑誌』14(159), 29.　＊巻末に図が 1 枚あり，《*Thalassema taeniaides*》という種名が付されている.
37. Ikeda, I. (1904) The Gephyrea of Japan. *The Journal of the College of Science, Imperial University of Tokyo, Japan,* 20(4). 1-87.
38. Iliffe, T. M. & Kornicker, L. S. (2009) Worldwide diving discoveries of living fossil animals from the depths of anchialine and marine caves. *in* Lang, M. A. *et al., Proceedings of the Smithsonian Marine Science Symposium. Smithsonian Contributions to the Marine Sciences,* 38, 269-280.

Elephantidae). *Zoological Journal of the Linnean Society,* 170, 222-232. DOI: 10.1111/zoj.12084

12. Chami, R., Cosimano, T., Fullenkamp, C. & Oztosun, S. (2019) Nature's solution to climate change. A strategy to protect whales can limit greenhouse gases and global warming. *Finance & Development,* December 2019, 34-38.
13. Clerck, C. (1757) Svenska Spindlar uti sina hufvud-slågter indelte samt under nogra och sextio särskildte arter beskrefne och med illuminerade figurer uplyste / Aranei Svecici, descriptionibus et figuris æneis illustrati, ad genera subalterna redacti, speciebus ultra LX determinati. Stockholm: Laurentius Salvius. pp. 1-154.
14. Costello, M. J., May, R. M. & Stork, N. E. (2013) Can we name Earth's species before they go extinct? *Science,* 339(6118), 413-416. DOI: 10.1126/science.1230318
15. 団勝磨・関口晃一・安藤裕・渡辺浩（編）（一九八三）『無脊椎動物の発生　上』培風館.
16. Dance, S. P. (1986) *A history of shell collecting*. E. J. Brill, Leiden.
17. Dodson, S. (1989) Predator-induced Reaction Norms: Cyclic changes in shape and size can be protective. *BioScience,* 39(7), 447-452.
18. 動物命名法国際審議会（二〇〇〇）『国際動物命名規約　第４版　日本語版』日本動物分類学関連学会連合.
19. Dunn, C. W., Giribet, G., Edgecombe, G. D. & Hejnol, A. (2014) Animal phylogeny and Its Evolutionary Implications. *Annual Review of Ecology, Evolution, and Systematics,* 45, 371-395.
20. Feuda, R., Dohrmann, M., Pett, W., Philippe, H., Rota-Stabelli, O., Lartillot, N., Wörheide, G. & Pisani, D. (2017) Improved Modeling of Compositional Heterogeneity Supports Sponges as Sister to All Other Animals. *Current Biology,* 27(24), 3864-3870.
21. Fell, H. B. (1960) Synoptic Keys to the Genera of Ophiuroidea. Zoology Publications from Victoria University of Wellington, 26, 1-44.
22. Fujimoto, S. & Miyazaki, K. (2013) *Neostygarctus lovedeluxe* n. sp. from the Miyako Islands, Japan: The First Record of Neostygarctidae (Heterotardigrada: Arthrotardigrada) from the Pacific. *Zoological Science,* 30(5), 414-419.
23. Fujimoto, S. (2018) A new species of *Tanarctus* (Heterotardigrada: Arthrotardigrada: Tanarctidae) from Oku-Matsushima, Japan. *Species Diversity,* 23 (2), 209-213. DOI: 10.12782/specdiv.23.209
24. 藤田敏彦（二〇一〇）『動物の系統分類と進化』裳華房.
25. Fujita, Y. & Naruse, T. (2011) *Catoptrus iejima,* a new species of cavernicolous swimming crab (Crustacea: Brachyura: Portunidae) from a submarine cave at Ie Island, Ryukyu Islands, Japan. *Zootaxa*, 2918, 29-

## 参考文献


1. 相見満（二〇一九）『分類と分類学――種は進化する』東海大学出版部.
2. Agassiz, A. (1864). Synopsis of the echinoids collected by Dr. W. Stimpson on the North Pacific Exploring Expedition under the command of Captains Ringgold and Rodgers. *Proceedings of the Academy of Natural Sciences of Philadelphia,* 15(1863), 352-361.
3. Anker, A. & Fujita, Y. (2014) On the presence of the anchialine shrimp *Calliasmata pholidota* Holthuis, 1973 (Crustacea: Decapoda: Caridea: Barbouriidae) in Shimoji Island, Ryukyu Islands, Japan. *Fauna Ryukyuana,* 17, 7-11.
4. 朝倉彰（二〇〇八）「種の問題における理想と現実」.『生物科学』59(4), 193.
5. Baker, A. N. (1980) Euryalinid Ophiuroidea (Echinodermata) from Australia, New Zealand, and the south-west Pacific Ocean. *New Zealand Journal of Zoology,* 7, 11-83.
6. Baker, A. N., Okanishi, M. & Pawson, D. L. (2018) Euryalid brittle stars from the International Indian Ocean Expedition 1963-64 (Echinodermata: Ophiuroidea: Euryalida). *Zootaxa,* 4392(1), 1-27.
7. Bell, F. J. (1909) Report on the echinoderma (other than holothurians) collected by Mr. J. Stanley Gardiner in the western parts of the Indian Ocean. *Transactions of the Linnean Society of London. 2nd Series: Zoology,* 13, 17-22.
8. Berger, L. R., et al.（他著者46名）(2015) *Homo naledi,* a new species of the genus *Homo* from the Dinaledi Chamber, South Africa. *eLife,* 4, e09560. DOI: 10.7554/eLife.09560
9. Brusca, R. C., Moore, W. & Shuster, S. M. (2016) Invertebrates. Third Edition. Sinauer Associates, Inc, Publishers Sunderland, Massachusetts, U. S. A. Pp. 1104.
10. Buren, W. F. (1972) Revisionary studies on the taxonomy of the imported fire ants. *Journal of the Georgia Entomological Society,* 7, 1-26. DOI: 10.5281/zenodo.27055
11. Cappellini, E., Gentry, A., Palkopoulou, E., Ishida, Y., Cram, D., Roos, A. M., Watson, M., Johansson, U. S., Fernholm, B., Agnelli, P., Barbagli, F., Littlewood, D. T. J., Kelstrup, C. D., Olsen, J. V., Lister, A. M., Roca, A. L., Dalén, L. & Gilbert, M. T. P. (2014) Resolution of the type material of the Asian elephant, Elephas maximus Linnaeus, 1758 (Proboscidea,

岡西政典（おかにし・まさのり）

1983年（昭和58年），高知県に生まれる．東京大学大学院理学系研究科生物科学専攻博士課程修了．博士（理学）．文部科学省教育関係共同利用拠点事業（京都大学瀬戸臨海実験所）研究員，茨城大学理学部助教などを経て，現在，東京大学大学院理学系研究科附属臨海実験所（三崎臨海実験所）特任助教．専攻，動物分類学．日本動物学会論文賞・奨励賞，日本動物分類学会奨励賞受賞．
著書『深海生物テヅルモヅルの謎を追え！』（東海大学出版部，2016年）ほか

新種《しんしゅ》の発見《はっけん》
中公新書 *2589*

2020年 4 月25日発行

著　者　岡 西 政 典
発行者　松 田 陽 三

本文印刷　暁　印　刷
カバー印刷　大熊整美堂
製　　本　小 泉 製 本

発行所　中央公論新社
〒100-8152
東京都千代田区大手町 1-7-1
電話　販売　03-5299-1730
　　　編集　03-5299-1830
URL http://www.chuko.co.jp/

定価はカバーに表示してあります．
落丁本・乱丁本はお手数ですが小社販売部宛にお送りください．送料小社負担にてお取り替えいたします．

本書の無断複製（コピー）は著作権法上での例外を除き禁じられています．また，代行業者等に依頼してスキャンやデジタル化することは，たとえ個人や家庭内の利用を目的とする場合でも著作権法違反です．

©2020 Masanori OKANISHI

Published by CHUOKORON-SHINSHA, INC.
Printed in Japan　ISBN978-4-12-102589-0 C1245

中公新書

## 自然・生物

- 2305 生物多様性　本川達雄
- 503 生命を捉えなおす（増補版）　清水　博
- 2414 入門！進化生物学　小原嘉明
- 2433 すごい進化　鈴木紀之
- 1972 心の脳科学　坂井克之
- 1647 言語の脳科学　酒井邦嘉
- 2390 ヒト―異端のサルの1億年　島　泰三
- 1709 親指はなぜ太いのか　島　泰三
- 1087 ゾウの時間 ネズミの時間　本川達雄
- 2419 ウニはすごい バッタもすごい　本川達雄
- 877 カラスはどれほど賢いか　唐沢孝一
- 2485 カラー版 目からウロコの自然観察　唐沢孝一
- 1860 昆虫―驚異の微小脳　水波　誠
- 2539 カラー版 虫や鳥が見ている世界―紫外線写真が明かす生存戦略　浅間　茂
- 2259 カラー版 スキマの植物図鑑　塚谷裕一

s1

- 1706 ふしぎの植物学　田中　修
- 1890 雑草のはなし　田中　修
- 2174 植物はすごい　田中　修
- 2328 植物はすごい 七不思議篇　田中　修
- 2491 植物のひみつ　田中　修
- 2572 日本の品種はすごい　竹下大学
- 1769 苔の話　秋山弘之
- 939 発酵　小泉武夫
- 2408 醤油・味噌・酢はすごい　小泉武夫
- 348 水と緑と土（改版）　富山和子
- 2120 気候変動とエネルギー問題　深井　有
- 1922 地震の日本史（増補版）　寒川　旭
- 2589 新種の発見　岡西政典